北京市科学技术协会
科普创作出版资金资助

Hey!
该喝牛奶啦！

北京市奶业协会　组织编写
常　毅　主编

中国轻工业出版社

图书在版编目（CIP）数据

Hey！该喝牛奶啦！/北京市奶业协会组织编写；常毅主编．—北京：中国轻工业出版社，2021.10
北京市科学技术协会科普创作出版资金资助
ISBN 978-7-5184-3256-1

Ⅰ．①H… Ⅱ．①北… ②常… Ⅲ．①牛奶—基本知识 Ⅳ．①TS252.2

中国版本图书馆CIP数据核字（2020）第215729号

责任编辑：伊双双
策划编辑：伊双双　责任终审：李建华　插　画：王超男
整体设计：锋尚设计　责任校对：晋　洁　责任监印：张　可

出版发行：中国轻工业出版社（北京东长安街6号，邮编：100740）
印　刷：北京博海升彩色印刷有限公司
经　销：各地新华书店
版　次：2021年10月第1版第2次印刷
开　本：710×1000　1/16　印张：8.5
字　数：120千字
书　号：ISBN 978-7-5184-3256-1　定价：49.80元
邮购电话：010-65241695
发行电话：010-85119835　传真：85113293
网　址：http://www.chlip.com.cn
Email：club@chlip.com.cn
如发现图书残缺请与我社邮购联系调换
211273K1C102ZBW

本书编委会

院士的话

让乳品为我们的健康做出更大贡献

习近平总书记指出："没有全民健康，就没有全面小康"，"健康中国2030"计划作为国家战略也彰显出国家对于全民健康的高度关注。人类健康的干预方案很多，通过膳食营养促进健康在国际社会形成了广泛共识。不断发现和更好地利用有健康功效的基料或食品是我们共同的永恒追求，许许多多科研工作者不断努力通过遗传育种、饲养管理、生物强化、加工技术创新等方式提升食物的营养价值和品质，以达到促进人类健康的目的。大量历史资料表明，乳品对人类健康发挥了重要作用，也得到了现代医学的确证。

牛奶是自然界中最接近完美的食物，所含的碳水化合物、蛋白质、脂肪、水、维生素、矿物质等能够满足人类基本的营养需要。同时，牛奶中的功能因子也不断被认知，其中包括免疫球蛋白、脂肪酸、乳铁蛋白、低聚糖等对于增强人体免疫力、促进肠道发育、促进骨骼生长等方面的作用。营养流行病学研究表明，发酵乳能显著促进抗炎因子的表达，改善由肥胖造成的免疫系统的损伤，降低患肥胖和慢性疾病的风险。

乳品对促进人类营养健康发挥了重要的作用。但是乳品究竟是怎么生产出来的，怎么喝又怎么选等问题一直困扰着广大消费者。本书作者都是具有扎实理论与丰富实践经验的资深奶业人，采用图文方式详细解释了关于牛奶的相关知识，通俗易懂，并附上美味的牛奶餐食基本做法，把我们带入牛奶的世界，多角度诠释了牛奶的知识和健康魅力。

任发政

中国工程院院士

中国农业大学营养与健康研究院 教授

我们为什么要喝牛奶？

一年四季，一日三餐，牛奶在我们的生活中就像平凡的“大多数”，随处可见却又不太起眼；它不是中国人历来餐桌上的主角，更像是疲累时的能量补给。

那么，我们为什么要喝牛奶？

喝牛奶满足了我们的健康追求。千百年来，牛奶一直都作为人类的一种重要营养来源而存在着。考古发现，6000年前，爱尔兰人就开始集约化的奶牛养殖；4500年前的芬兰，出现了喝牛奶的行为；在3000多年前的商代，我们的祖先就学会了喝牛奶。聪明的中国人一边喝着牛奶，一边研究牛奶的性质、加工、应用，形成了独特的牛奶文化。北魏《齐民要术》中就记载有许多奶制品，如“煎炼乳”（类似浓缩奶）、“熬干奶”（粉碎后类似奶粉）、“醍醐”（类似酸奶）、“酥”或“酥油”（类似奶油）、“酪”或“奶酪”（类似芝士）等。此外，许多中医药典也论述了牛奶的功效。人类不断地从牛奶中汲取能量，丰富的蛋白质和钙让我们既有力量去策马驰骋、脚踏实地，也有智慧去探索宇宙、仰望星空。

喝牛奶满足了我们的品质追求。《红楼梦》中曾出现这样一种牛奶美食——糖蒸酥酪。贾元春省亲，对贾宝玉的长进非常满意，回宫之后专门派人赏了一样东西给他，那就是糖蒸酥酪。这东西宝玉都不舍得吃，留给了袭人，却不巧被奶妈李嬷嬷吃了，宝玉还因此和她闹了好几天别扭。这糖蒸酥酪其实就是一种特制的奶品，有点儿像老北京的杏仁豆腐。《红楼梦》中不只有糖蒸酥酪，还有“一碟四个奶油松瓤卷酥”，“最补人”的牛奶茯苓霜……不过，从前那些富贵人家才能享用的美食，如今也成了百姓餐桌上的佳肴。牛奶看似简单，但经过充满灵感的转化，也能获得万千滋味，生活有时平淡，但有了这诸多美食的调剂，也会增添不少色彩。

喝牛奶是一种初心和情怀。在新中国成立初期，牛奶只是一部分人群的特殊营养品，1976年北京市奶牛存栏仅1.5万头，北京市牛奶公司鲜牛奶日上市量仅80吨，每人每天大概只能喝13克的奶，也就是一瓶盖儿的奶。牛奶公司不得不采用红、蓝、白三色奶票的办法，限制消费，以保证婴幼儿、病人以及老年人的饮奶需要。那时候的北京，能够订上一瓶牛奶成为不少人的渴望。如今，牛奶已经成为广大市民不可或缺的日常消费品，这个变化的转折点就是改革开放。1984年，奶票的取消标志着北京市“吃奶难”的问题得到了解决。在我们的祖国全面建成小康社会之际，也许你很难想象一杯牛奶的来之不易。牛奶“从无到有”“从有到足”“从足到好”的蜕变，折射出我们伟大祖国的奋斗历程。一口喝下去，既是天然的醇香，也是岁月时光旅程中的情怀味道。

我们为什么要喝牛奶？从大自然的馈赠到现代化全产业链下的多元选择，历经千年的饮奶历史蕴含着我们对美好生活的向往，我们渴望牛奶带来的品质生活，也深知这样的目标需要更强壮更健康的自己来创造。

那么，怎么喝牛奶？你真的会喝牛奶吗？相信这本特别的科普读物能解答你关于牛奶的大部分疑惑，阅读一本书变身“牛奶达人”，现在就开始吧！

北京市奶业协会会长

目录

Part 1 了不起的牛奶

Part 2 适时适所地

选择牛奶

Part 3 一起动手享带来的美味

受牛奶

附录

Part 1

了不起的牛奶

牛奶是自然界最接近完美的食物，富含蛋白质、脂肪、乳糖、矿物质及多种维生素和低聚糖等，涵盖了人体所必需的几乎所有营养成分，有“白色血液”之称。牛奶为人类健康做出了积极的贡献，是一种很了不起的食品！接下来，我们就一起进入牛奶的神奇世界一探究竟，看看牛奶怎么“了不起”！

1. 全世界消费者都选择了牛奶

牛奶，是除了水之外人们饮用最广泛的液体食品，无论种族、无论地域、无论信仰、无论年龄，几乎所有的人都会饮用牛奶。牛奶是人类最为重要的食物来源之一。那么，你有没有想过，世界各地的人们饮食习惯和口味偏好千差万别，为什么偏偏是牛奶能被人们广泛地接受和饮用呢？

奶的“绝妙”之处

奶，又称“乳”，《现代汉语词典》中解释为乳汁的通称。科学上对其也有明确的定义：人或哺乳动物分娩后由乳腺分泌的一种白色或微黄色的不透明液体。

乳汁是只有哺乳动物才有的，它是母体正常采食并消化吸收后，将食物中的营养物质通过一系列复杂的生物、化学反应，再造而成的“高级流体食物”，不仅富含哺乳期幼体生长发育所需的全部营养成分，同时也最适合消化和吸收，还含有多种生物活性物质，能够增强免疫力，提高抵抗疾病的能力，提升幼体的存活率，是哺乳动物能顺利繁衍后代的重要保障之一。

奶牛为人类提供了最接近完美的食物

全世界有6000多种哺乳动物，它们都能产奶，但全球超市里97%以上的奶制品都是源于牛产的奶，这是为什么呢？

首先，因为奶牛是非常温顺和“听话”的动物。其实，欧洲人最早喝的是羊奶，但在对山羊、绵羊和奶牛三种产奶动物的驯养过程中，他们发现对奶牛的驯化是最成功的，奶牛甚至会排队等着挤奶。

人们也曾尝试过给猪挤奶，结果发现给猪挤奶几乎是不可能的，母猪在哺乳期会变得特别有侵略性，人工挤奶是根本不可能的。

其次，奶牛是哺乳动物中产奶量最高的，山羊和绵羊尽管能接受挤奶，但其产奶量不及奶牛的十分之一。而且奶牛的持续产奶能力也是所有哺乳动物中最强的。奶牛能在哺乳期间再次怀孕，在怀孕后还能继续产奶。所以，我们现在可以看到有专门养殖奶牛的牧场生产牛奶，这可是人类经过几千年不断筛选、驯化、养殖才形成的，也是人类智慧的结晶！

最后，也是更为重要的一点，牛奶的营养组成、结构与功能更接近母乳，为人类健康提供了多方面的支持和帮助。

☹ 乳汁口感偏腻 >>

☺ 性格温顺
☺ 产奶量高，持续产奶力强
☺ 营养成分和结构接近母乳 >>

☹ 哺乳期攻击性强
☹ 乳汁口味重 >>

牛奶中的蛋白质具有轻度的解毒功能，可阻止人体对砷、铅等重金属的吸收。

牛奶中丰富的酪蛋白、磷酸肽与钙、磷共同作用可以预防龋齿。

牛奶增强免疫力

牛奶中的生物活性物质，如免疫球蛋白、乳铁蛋白等，对人体免疫功能具有一定的调节作用。

牛奶预防骨质疏松

牛奶中含有丰富的钙、磷，对于佝偻病、骨质疏松有较好的预防和治疗作用。

牛奶对于儿童增加身高有帮助

英国营养学家做过一个实验：一组儿童每天正常进餐，不喝牛奶；另一组儿童除了正产进餐，每天增加饮用600毫升牛奶，一年后，每天喝牛奶的儿童的身高平均增长了6.68厘米，体重增加了3.17千克;而没有喝牛奶的儿童平均身高和体重分别增加了4.67厘米和1.75千克，分别相差2.01厘米和1.42千克。

Column

牛奶在中国有着久远的历史

很多读者认为，牛奶是来自西方的食物，其实不然，据《史记·匈奴列传》记载，早在公元前200年，匈奴人就开始饮用牛奶了。在约公元500年时，《齐民要术》中已有用牛奶、羊奶制作干酪的详细记载。到了宋朝，还专门设立一个部门叫“牛羊司乳酪院”。元朝时，成吉思汗的战队每次出征，都会有成群的牛羊跟在部队后面，为战士们提供肉和奶。清朝时，用牛奶加工的各种奶制品，更是皇家不可或缺的美味点心。

而且，在传统中医中，对牛奶也很重视，著名的古代医学著作《本草纲目》就对牛奶的营养及药用价值进行了详细的阐述：“牛奶，甘，微寒，补虚羸，止渴，养心肺，解热毒，润皮肤……老人煮食有益。煮粥更宜，入葱姜，止小儿吐奶。润大肠，治气痢，除疸黄。”

2. 任劳任怨的奶牛

鲁迅先生有句很有名的话“吃的是草，挤出来的是奶”，他借牛来比喻人，这里的牛指的其实就是奶牛。是所有的牛都叫奶牛吗？其实不然。

奶牛是主要为产奶而饲养的牛，产奶量比一般的母牛高。按饲养用途，一般可将牛分为从事农业生产工作的役（用）牛、供食用肉的肉（用）牛和专门产奶用的奶（用）牛。

役（用）牛

肉（用）牛

奶（用）牛

母奶牛分娩后才能产奶

有很多读者可能会认为，既然叫奶牛，它们天生就会产奶，其实不是的。

奶牛属于哺乳动物，也有性别之分。很显然，公奶牛不会产奶，而母奶牛也只有在分娩后才开始产奶（哺乳）。在专业的奶牛养殖牧场，母奶牛生长至16~18月龄时，通过人工授精的方式使其受孕，母奶牛受孕后，经过280天左右的妊娠期，可分娩出小牛犊。第一次分娩是奶牛成年的标志，此后通称为成年奶牛（之前称为后备奶牛）。奶牛分娩后便开始产奶，进入产奶期（产奶期的奶牛也被称为产奶牛），在产奶期的早期，牛奶产量会随着产后天数的增加而增加，通常在45～60天，产奶量便达到高峰，随后逐渐下降，形成了奶牛的产奶曲线；同时，奶牛在产奶期间可以受孕，且不影响其产奶，但为了保证胎儿的生长以及为下一产奶期的高产，牧场通常在奶牛下一次分娩前60天左右，人为让产奶牛停止产奶，停奶日后奶牛进入干奶期（干奶期的奶牛也被称为干奶牛）。奶牛从分娩、受孕到干奶，再到再次分娩，称为1胎，每循环1次增加1胎。一般情况下，产奶量会受到奶牛胎次的影响，第1胎产奶量最低，而后产奶量随胎次增加而增加，据统计，奶牛在3~5胎时产奶量最高。

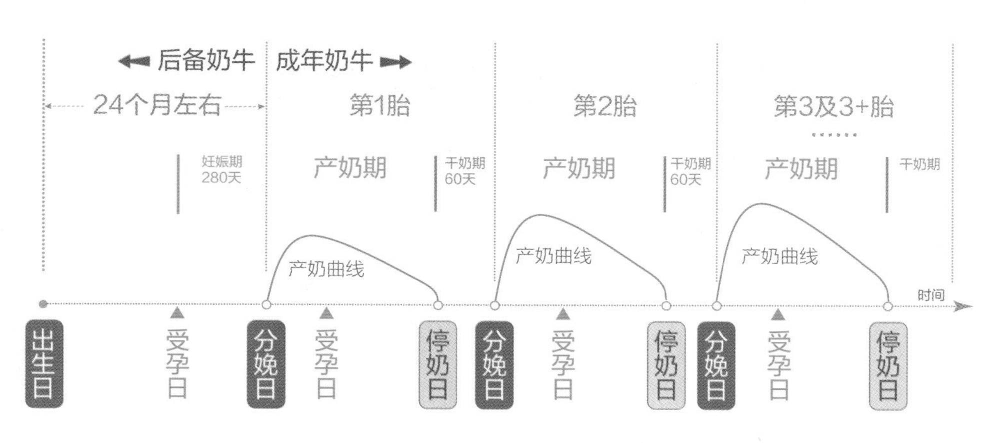

奶牛（母牛）一生中重要时间节点示意图

公奶牛绝对不可被忽视

母奶牛的产奶量高不高、质量好不好，有一个很关键的因素，那就是公奶牛。牧场采用“人工授精”的方法让母奶牛受孕，而人工授精的基础就是公奶牛。在牧场，一般将公奶牛称为种公牛，其品种的优劣不仅影响母奶牛的受孕率，还是奶牛不断获得改良提高的基础，是奶牛品种的“稳定器”，同时能从基因水平上提高产奶量和奶成分的指标，因此，世界各国都特别重视本国种公牛的培育。我国从20世纪60年代便开始培育自己的奶牛品种——中国荷斯坦牛，多年来从国外引进的荷斯坦牛经过不断的驯化和培育，与我国各地黄牛进行杂交并经长期选育，终于得到最佳的最适合产奶的奶牛品种，并于1992年正式命名为“中国荷斯坦牛”。目前，中国荷斯坦牛的产奶量与产奶质量已基本达到奶业发达国家的水平，并利用基因筛选等新技术选出了一些特别的奶牛，比如A2奶牛（关于A2牛奶在42页有专门介绍）。

神奇的瘤胃“创造”了了不起的牛奶

奶牛属于草食动物，能对人类以及其他一些哺乳动物不能消化吸收的草本植物进行消化吸收，并将其转化为营养物质，这主要归功于奶牛有四个胃，其中能对草本植物消化吸收的是第一个胃——瘤胃，也是容量最大的胃。简单地说，瘤胃就是奶牛身体中的“发酵罐”，在这里对奶牛吃下的所有食物进行“发酵”，同时将一些单胃动物不能消化的食物降解转化为能被奶牛吸收的营养物质，然后，经过奶牛的第二个胃和第三个胃，进入第四个胃（真胃），真胃的消化吸收功能与其他哺乳动物一致。就这样，通过拥有神奇瘤胃的消化系统以及泌乳系统，成功地将“草”转化成了“奶”。

在荷斯坦牛的故乡——荷兰，将奶业的全产业链浓缩地称之为“From Grass To Glass”，Grass指的是“草”，Glass直译为玻璃，可理解为“奶瓶子”。

从下图可以看出，牛奶中乳糖和蛋白质的合成与奶牛瘤胃的功能密切相关。

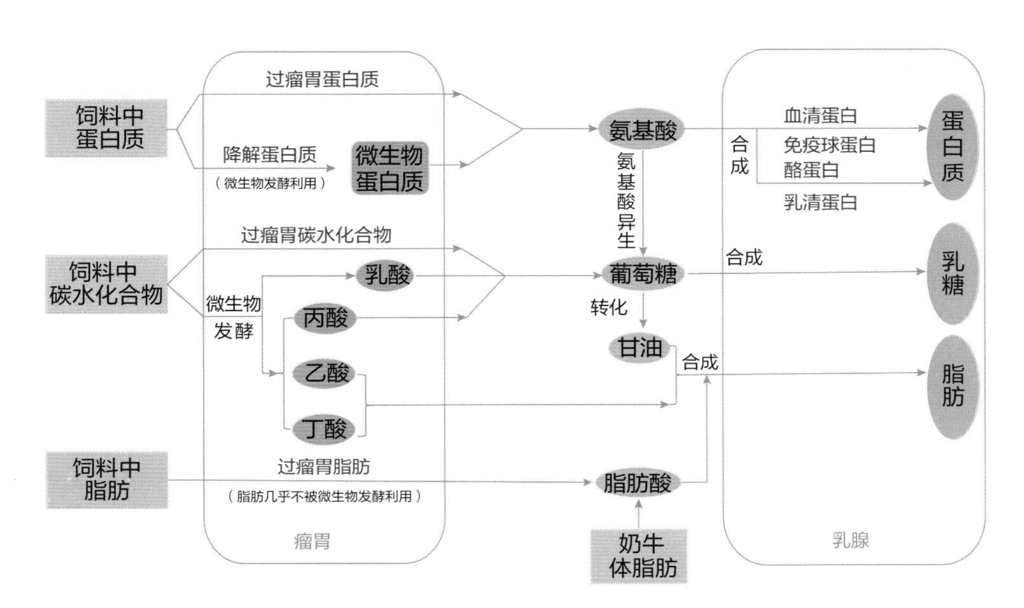

牛奶中蛋白质、乳糖、脂肪生成路径示意图

仿生技术助力人类获得牛奶

奶牛分泌出的牛奶被存放在乳腺中，需要通过挤压、刺激奶牛的乳腺使牛奶排出，这一过程称为“挤奶”。挤奶通常有手工挤奶和机器挤奶两种，其原理均是模拟小牛吸吮的动作。现在机器挤奶已替代了手工挤奶，机器挤奶不仅效率高，而且更为重要的是机器挤奶更能保证牛奶的质量安全，因为机器挤奶可确保在第一时间将挤出的牛奶与挤奶场所环境完全隔离，杜绝了牛奶在空气中暴露的可能。

近年来，挤奶机器人在全球有兴起的趋势，挤奶机器人是实现了完全自动化程序的机器挤奶方式，在挤奶过程中不需要人的参与，是奶牛与挤奶机器人的直接“对话”，从而能实现奶牛的“自由”和人工的“解放”，大大提高了奶牛的“幸福指数”。

封闭冷链运输牛奶到工厂

刚挤出的牛奶温度在37℃左右，因其营养丰富，自然成为各种微生物中意的“土壤”，因此，尽快将刚挤出的牛奶降到0～4℃十分必要，因为在4℃以下微生物的生长繁殖能力会大幅度降低，从而可以保证牛奶的新鲜和安全。从奶牛乳腺中挤出的牛奶在进入加工环节前都应处于封闭的环境中，不能与外界空气接触，即使是在运输期间，也要严格控制运输罐的温度保持在0～4℃。

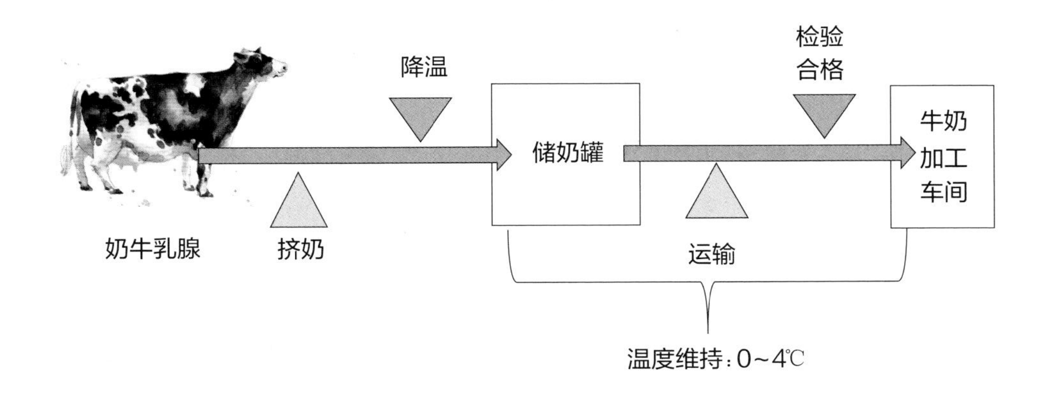

· 令人羡慕的一日三餐

正在产奶的奶牛饭量很大，每天要吃进50~65千克的饲料。而且它们的伙食也很丰盛，每顿饭要涵盖粗饲料（含干草、秸秆、青绿饲料、青贮饲料）、精饲料（含谷实类、糠麸类、饼粕类）、多汁饲料以及矿物质饲料等，种类很齐全，营养很丰富，而且还有专门的技术将这些饲料制作成美味的伙食。

现在的牧场管理中还会采用“TMR”技术，即“全混合日粮”技术，为奶牛精心制作每餐的伙食。TMR是根据奶牛在不同生长发育和泌乳阶段的营养需求，按营养专家设计的日粮配方，用特制的搅拌机对日粮各组成分进行搅拌、切割、混合和饲喂的一种先进的饲养工艺，保证了奶牛所采食的每一口饲料都具有均衡的营养。

除了吃饭，和人一样，水对奶牛来说也是必不可少的，而且要多喝水才能健康，每头产奶牛每天至少要喝水100千克左右。

·定点上班打卡

奶牛只有在挤奶时间是“上班”的，其他时间就是休息、娱乐和吃饭，这样才能保证产出高质量的奶。一般来说，奶牛每天会在早、中、晚去“打卡”，例如，如果早上7点去挤奶大厅挤奶了，那么，中午12点，也就是5个小时后会再去一次，之后再过7个小时，晚上7点再去一次。

奶牛在工作时间很有纪律性，它们会主动排着队去挤奶。到了挤奶时间，奶牛们会排着队到挤奶的机器前挨个站好等着挤奶。这是因为，奶牛们是很喜欢被挤奶的，就好像给它们做按摩，如果到时间不挤奶，它们的乳房就会被奶撑满而感到胀痛不适。

一般来说，奶牛一天的平均产奶量在30多千克，若是一头高产的奶牛，一天可以产出50千克的奶。

·奶牛一生有多长?

奶牛最长寿的可达到20岁，一般的一生可达10多岁。

3．多姿多彩的牛奶大家庭

牛奶是营养丰富的食品，不仅是人类的营养佳品，也是微生物喜爱生长的“温床”，正是因为有微生物的存在，极大限制了牛奶的消费半径与时间。因此，人们必须对挤出后的牛奶进行杀菌。为了区别杀菌前后的牛奶，我们将杀菌之前的牛奶称为“生牛乳”或“生牛奶”。

生牛奶离开牧场，在0～4℃的冷藏条件下，由专用的奶罐车运到加工厂。在加工厂，生牛奶先要经过一套完整的检验流程，各项指标合格后方可通过管道进入储奶罐，再进入相应的设备中经过不同的加工工艺变成不同风味的奶制品，从而实现牛奶的完美“蜕变”与升华，组成丰富多彩的牛奶大家庭。

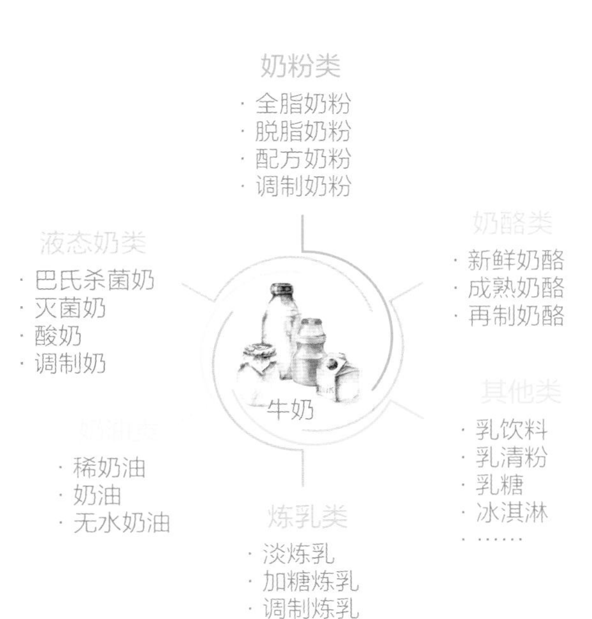

Column

为什么有些人总感觉现在的牛奶没有以前“香”了？

从生牛奶到牛奶制品一般的生产流程要经过均质、杀菌、灌装等环节。每类产品的生产工艺各有不同，形成了不同的产品特色。而均质就是使用均质机使牛奶中的脂肪变成更加细小的颗粒，使生产出的成品状态更加稳定，更有利于人体吸收。正是这个原因，才使得现在很多消费者觉得现在的牛奶没有以前“香”了，煮沸后厚厚的一层奶皮也消失了。

“鲜活”的牛奶——巴氏杀菌奶

推荐指数

在日常生活中，大家总是喜欢选择保质期短、新鲜的食品。牛奶也不例外，在条件允许的情况下，最好选择巴氏杀菌奶，巴氏杀菌奶通俗地说就是低温鲜牛奶。这种牛奶到底有什么好处呢？

巴氏杀菌奶俗称“鲜牛奶”，是以生牛奶为原料，经巴氏杀菌等工艺制成的液体产品。巴氏杀菌法（pasteurization）是由法国微生物学家巴斯德于1862年发明的一种杀菌方法，国际乳品联盟对巴氏杀菌的定义是这样的：为了避免奶中的病原菌危害公众健康所采用的使产品中的物理化学变化及感官变化最小的一种热处理加工方式。这是一种温和的加热处理方式，牛奶中的乳清蛋白仅发生很少的变性，维生素的损失也很少，最大限度地保留了生牛奶中的“鲜活”成分，如免疫球蛋白、乳铁蛋白等功能性活性成分以及维生素C、维生素B_1、维生素B_{12}等水溶性维生素，可溶性

的钙、磷变化损失少，更有利于人体消化吸收。此外，其在颜色、风味和质地方面与生牛奶相比也几乎没有变化。

巴氏杀菌工艺通常采用低温长时间（62～65℃，保持30分钟）或高温短时间（72～76℃，保持15秒；或80～85℃，保持10～15秒）杀菌。62～65℃、30分钟是传统巴氏杀菌工艺，无论从生产效率还是能源损耗等方面都不适合当今大规模的工业化生产，已很少使用。目前多数品牌的低温鲜牛奶采用的是85℃、15秒巴氏杀菌工艺，也有少数几个品牌采用75℃、15秒巴氏杀菌工艺。目前北京市场已出现采用欧洲等国家推荐使用的72℃、15秒巴氏杀菌工艺生产的鲜牛奶。

巴氏杀菌奶对生牛奶质量，特别是菌落总数和体细胞等指标要求非常严格。近10年来，随着我国生牛奶质量逐年提高，巴氏杀菌奶的产量逐年增加。同时，随着消费者健康意识的增强，对巴氏杀菌奶的认知越来越深入，巴氏杀菌奶正成为中国市场奶制品消费新趋势，在奶制品市场上所占的比重越来越大。

◎ 多种多样的巴氏杀菌奶包装

在市场上我们见到的巴氏杀菌奶其包装形式有袋装、盒装、瓶装、桶装等多种形式，因包装形式不同，其保质期也有所差异，一般为2～7天，在物流运输、货架销售、储存的过程中一定要保持在2～6℃冷链条件下。

◎ 延长货架期（ESL）巴氏杀菌奶

在巴氏杀菌奶中还有一种更“高级”的存在，即“延长货架期”（ESL）巴氏杀菌奶：加工时经过特殊陶瓷膜过滤、离心除菌等工艺处理后，生乳中的大量细菌被清除，再结合低温巴氏杀菌处理和洁净灌装制成“ESL奶”，使鲜牛奶更加“纯净”，该产品的保质期可以达到9天。

小贴士

饮用“散奶”要慎重

尽管就牛奶的“鲜活”程度而言，从牛的身体中直接产出的生牛奶要超过鲜牛奶，但仍强烈建议消费者不宜直接购买生牛奶（通常称为“散奶”）加热后饮用，这是因为散奶存在较大的风险，缺乏国家相关部门质量监管，存在牛奶中兽药和农药残留超标、挤奶不卫生等安全风险。

可以“行走”的牛奶——超高温灭菌奶

推荐指数 🐮🐮🐮🐮🐮

超高温灭菌奶（UHT奶），就是我们通常所说的常温奶，在市场上看到标有“纯牛奶”的奶制品就是这种奶。超高温灭菌是指在132～140℃的高温下保持2～4秒，瞬时灭菌。因为高温可以消灭奶中所有的细菌等微生物，再经无菌灌装等工序制作，因此超高温灭菌奶无须冷藏保存。根据包装材料的不同，保质期一般为1～12个月。我国规定100%以生牛奶为原料的超高温灭菌奶，在产品包装上标注为“纯牛奶”。

因为有了可以常温保存、保质期更长的超高温灭菌奶，仿佛给牛奶安

上了“一双可以自由行走的腿”，牛奶不再受产地限制，销售半径大大增加，能够通过普通的物流运输到中国乃至世界的每一个角落，消费者也可以随时带在身边，“想喝就喝”。但是，方便便利的同时，因为工艺的原因，与巴氏杀菌奶相比，超高温灭菌奶中部分活性营养物质有些损失，口感风味也会有些变化。

◎ 形形色色的常温奶包装

市场上，比较常见的常温奶包装是一种俗称为“利乐包”的包装形式，该种包装采用无菌纸基复合包装材料，常见的有无菌枕、无菌砖等。这种包装形式是瑞典的一家企业利乐公司发明的，被广泛应用在牛奶和饮料的包装上。它有三大优势：不易串味、无须冷藏、不易破包。随着工艺的进步，利乐公司在利乐包的基础上不断研发，开发了“梦幻盖”产品，在包装上加了盖子，这让携带和饮用更加方便了！

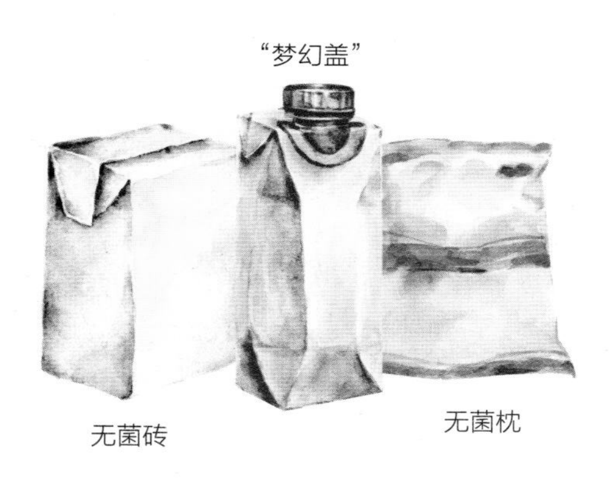

小贴士

常温奶虽然无须冷藏且保质期较长，但如果开封后一次没有喝完，也要放入冰箱，尽快饮用完，因为打开包装的牛奶很容易被细菌等微生物污染。

Column

常温奶保质期长是因为添加了防腐剂吗？

很多消费者有个误区，认为常温奶是因为添加了防腐剂，所以保质期才能那么长。但实际情况并非如此，一方面，常温奶的灭菌工艺是超高温灭菌，原料奶中的细菌已经全部被杀灭，同时，包装也经过灭菌，在无菌条件下经过无菌灌装，出厂时已经是商业无菌状态；另一方面，与常温奶采用的无菌包装也有一定关系。常温奶的包装材料是纸铝复合包装，十分牢固，不易破损，密封严，细菌很难侵入。所以，几道防线共同阻止了细菌的出现，常温奶根本不需要添加防腐剂。

低温鲜牛奶和常温纯牛奶的对比

牛奶类别	优点	缺点
低温鲜牛奶	既可以杀死致病菌，又能很好地保留牛奶的营养和风味，富含免疫球蛋白、维生素A等成分	保质期短，需要低温储存，外出携带不方便
常温纯牛奶	保质期长，可常温下保存，能长途运输，外出携带方便，可随时饮用	高温处理时，牛奶中的一部分营养成分会流失，风味也会受到影响

健康美味的牛奶零食——酸奶

推荐指数 🐮🐮🐮🐮🐮

酸奶是发酵奶制品的代表产品。它是由生牛奶经过高温杀菌，冷却到一定温度后，接种乳酸菌等发酵剂，再经过发酵而赋予了产品特殊状态与风味的奶制品。人们通过食用酸奶，不仅能获得牛奶中的大部分营养物质，而且还能获得乳酸菌发酵所带来的额外的营养以及诸多益处。国家卫生健康委员会发布的《新型冠状病毒感染的肺炎防治营养膳食指导》建议："一般人群尽量保证每天300克的奶及奶制品，特别是酸奶。"

人类食用酸奶的历史可追溯至公元前3000多年，有推测认为，最初的酸奶可能起源于偶然的机会：传说很早以前土耳其高原的古代游牧民发现羊奶在存放时经常会变质，这当然是细菌等微生物发酵所致。乳酸菌为主的发酵使羊奶变得更为酸甜适口了。牧民发现这种酸奶很好喝，为了能继续得到好喝的酸奶，便将其放到煮开后冷却的新鲜牛奶中，经过一段时间后就又获得新的酸奶。后来，这种酸奶制作技术又经希腊、保加利亚等地传遍了欧洲。

◎ 好处多多的酸奶

· **酸奶是优质蛋白质的良好来源。**在发酵过程中，部分乳蛋白质被分解成小分子肽和氨基酸，更容易被消化吸收。

· **酸奶中的钙更容易被人体吸收。**酸奶是日常膳食中钙的良好来源。酸奶保留了生牛奶中丰富的钙含量，而且在发酵的过程中还会产生促进钙等矿物质吸收的乳酸。因此，酸奶中的钙更容易被人体吸收。

· **酸奶中含有人体必需的多种维生素及微量元素。**酸奶在发酵过程中还可以产生人体所必需的多种维生素。美国营养与健康调查数据（NHANES）表明，增加酸奶的摄入量，可以帮助弥补维生素和微量元素的不足。

·酸奶富含有活力的乳酸菌。长期食用酸奶可以有效改善肠道健康状况。尤其是富含益生菌的酸奶，数以亿计的益生菌能够经受住胃酸和胆盐的考验，到达肠道后产生有益代谢产物，促进有益菌生长，抑制有害菌繁殖，起到调节肠道微生态的作用。

·酸奶适合乳糖不耐受人群食用。酸奶中的乳酸菌能分解酸奶中的乳糖，使乳糖含量降低。因此，对于乳糖不耐受（详见40页）人群，可首选酸奶作为奶制品摄入来源。

◎ 常温酸奶

如今市场上酸奶种类繁多，酸奶被赋予了更多的功能和口味，也吸引了更多的消费者。在这里要特别介绍一下常温酸奶。简单地说，常温酸奶就是将制作好的酸奶再进行一次杀菌，使之同时具备类似酸奶与超高温灭菌奶的优点：无须冷藏条件、保质期长、便于携带；但其缺点也十分明显：几乎不含活性乳酸菌。因此，我们对常温酸奶的推荐指数为。

Column

酸奶中常见的乳酸菌

我们都知道喝酸奶有诸多益处，除了与牛奶本身含有的营养物质有关以外，还有很重要的一点，即酸奶中含有大量活性乳酸菌。正因为这些乳酸菌的存在，使酸奶具备了改善肠道环境、提升免疫力等方面的功效。

在购买酸奶时，我们可以看看配料表，就会发现它们的踪迹。

产品种类：风味发酵乳
配料：生牛乳（≥90%）、白砂糖、浓缩牛奶蛋白、淀粉、果胶、乳酸菌（嗜热链球菌、保加利亚乳杆菌、乳酸乳球菌乳脂亚种、乳酸乳球菌乳酸亚种、嗜酸乳杆菌、长双歧杆菌、干酪乳杆菌）
贮存条件：2～6℃冷藏
保质期：21天
产品标准号：GB 19302

酸奶中常见的乳酸菌有嗜热链球菌、保加利亚乳杆菌、乳双歧杆菌、植物乳杆菌、嗜酸乳杆菌等，它们对人体大有益处。

· **嗜热链球菌：** 嗜热链球菌是酸奶中比较常见的发酵菌株，它生长繁殖快，酸化活力高，发酵性能稳定，可以缩短酸奶的凝乳时间，改善产品的质地。而且，嗜热链球菌是酸奶中主要风味物质的产生菌，在发酵过程中能够产生羧酸类等化合物，能够赋予酸奶不同的风味。

· **保加利亚乳杆菌：** 保加利亚乳杆菌也是重要的发酵菌株，是乳酸菌中产酸能力最强的菌种，适宜在酸性条件下启动生长，发酵速度快。它耐酸性强，在大多数酸奶中，保加利亚乳杆菌通常与嗜热链球菌配合使用。

· **乳双歧杆菌：** 乳双歧杆菌是酸奶中广泛使用的益生菌株，在牛奶中生长缓慢，产酸能力弱，不是典型的发酵菌，但它是人体肠道内重要的生理性有益菌，参与免疫、营养、消化和保护等一系列生理过程，具有生物屏障、免疫增强和改善胃肠道等功能。

· **植物乳杆菌：** 植物乳杆菌具有良好的发酵能力和益生功能，多用作辅助发酵剂，它存活能力、产酸能力强，耐盐，发酵过程中可产生乳酸杆菌素，具有抑菌作用。植物乳杆菌属于公认的益生菌，具有免疫调节、降低血清胆固醇含量、维持肠道内菌群平衡及吸附重金属等功能。

· **嗜酸乳杆菌：** 嗜酸乳杆菌是人体肠道内的重要微生物，耐酸、耐胆盐特性突出，存活率高，能够顺利到达肠道定殖，具有降低血脂、降低胆固醇、调节肠道菌群、提升机体免疫力等作用，被视为第三代酸奶发酵剂。

酸奶中经常会有几种乳酸菌并存，是因为高品质的酸奶兼具良好的质构、柔和的酸度、诱人的风味、饱满的口感和独特的功能特性，而单一乳酸菌发酵剂通常在产酸能力、风味物质产生、黏性物质产生、蛋白质水解性及功能性等方面存在这样或那样的缺陷，无法满足消费者的需求。为了弥补单支菌株的短板和不足，就需要各菌株协同作战。例如，有的酸奶呈现凝固状态（如“老酸奶”），就是因为采用嗜热链球菌和保加利亚乳杆菌作为发酵剂，将乳糖转化为乳酸，降低了牛奶的pH，使酪蛋白变性，从而形成凝乳状态。同时，二者也是酸奶风味成分的主要来源，它们在发酵过程中产生醛类、酮类、酯类、有机酸类、芳香类等100多种风味物质，其中的乙醛和双乙酰为最主要的挥发性风味化合物。

乳双歧杆菌、植物乳杆菌、嗜酸乳杆菌等则主要作为益生菌使用，它们具有良好的耐酸性和耐胆盐特性，通常能顺利通过胃酸考验到达肠道，促进有益菌增殖，维持肠道菌群平衡，降低血清胆固醇含量，提升机体免疫力。

目前，大多数酸奶多采用传统发酵菌株（嗜热链球菌、保加利亚乳杆菌）复合益生菌发酵而成，但还有些产品添加地域特色益生菌，如希腊风味酸奶、俄罗斯风味酸奶、冰岛风味酸奶等，使酸奶风味更加多样化！

被浓缩的高甜牛奶——炼乳

推荐指数

炼乳又称浓缩乳，是生牛奶经浓缩后加入或不加入白砂糖而制成的一种人类最早工业化生产的奶制品。炼乳可以简单地理解成是浓缩的牛奶或浓缩的甜牛奶，因浓缩过程需要高温，因而炼乳在生产的同时也就完成了对牛奶的杀菌。在奶制品极为匮乏的20世纪80年代的中国，炼乳被当成是高级营养品来销售。那时，只有经济条件不错的家庭才可以买几罐炼乳给孩子或老人增加些营养补补身体。对于当时的孩子来说，被父母奖赏一匙炼乳那可真是莫大的奖励，那至臻至纯的甜香味给人们留下了永久的记忆和眷恋。

伴随着改革开放，人民生活水平提高，市场上的牛奶及牛奶制品极大丰富，奶制品的品种不断推陈出新，炼乳渐渐地淡出了人们的日常生活。

特别是近十几年来，炼乳的作用已经由单纯的营养品变成用于调味的食品配料，被广泛地应用于酒店食品、烘焙食品、休闲食品等中，如奶茶、蛋糕、饼干、冰淇淋、酸奶、冰沙等，炼乳以其独特的香味和滋味对食品起到调味、调香和调色的作用。炼乳的品种也在不断拓展，形成系列产品，淡炼乳如全脂、脱脂淡炼乳，加糖炼乳如草莓味加糖炼乳，调制炼乳如可可等花色调制炼乳，备受现代时尚人士的喜爱。

被誉为“奶中黄金”的牛奶——奶酪

推荐指数

奶酪（Cheese），又名干酪、芝士、乳酪，是以牛（羊）奶、稀奶油、脱脂奶或部分脱脂奶或这些原料的混合物为原料，经凝乳酶或其他凝乳剂凝乳，并排出部分乳清而制成的新鲜或经发酵成熟的奶制品。通俗地说，奶酪是由生牛奶经高度浓缩后制成的固体或近似固体的“发酵”过的奶制品，味道和形态因品种而异，容易运输与贮存，保质期较长。

◎ 天然奶酪和再制奶酪

按照生产工艺的不同，奶酪可分为天然奶酪和再制奶酪。

天然奶酪也称原制奶酪，包括新鲜奶酪和成熟奶酪，是指在生牛（羊）奶中加入适量乳酸菌发酵剂和凝乳酶（或其他凝乳剂），蛋白质凝固后排除乳清后制成的产品。新鲜奶酪是制成后不经过发酵成熟而直接食用的奶酪，其质地细腻、色泽洁白，吃起来有淡淡的咸味和清新的奶香味。但其保质期短，一般1～2周，且需要冷藏保鲜存放。成熟奶酪是指将新鲜奶酪经长时间发酵成熟而制成的产品。

与原制奶酪相对应的是再制奶酪，是用一种或一种以上不同成熟度的天然奶酪为主要原料，加入乳化盐，添加或不添加其他原料，经粉碎、混合、加热融化等工艺制成的产品。为了增加香味，可以添加香料、调味料或其他配料。再制奶酪品类多，包装形式多样，食用方便。在快餐店出售的汉堡里夹的“芝士片”就是再制奶酪的一种。

◎ 营养丰富的奶酪

· **奶酪富含多种营养成分，又容易消化吸收，是风靡世界的健康食品之一。**用“浓缩的都是精华”这句话来形容奶酪可谓恰如其分，通俗地说奶酪就是浓缩的经过发酵的奶，因此它的营养价值非常高。一般来说，10千克的生牛奶才能生产1千克奶酪，真的是浓缩了奶中的精华。

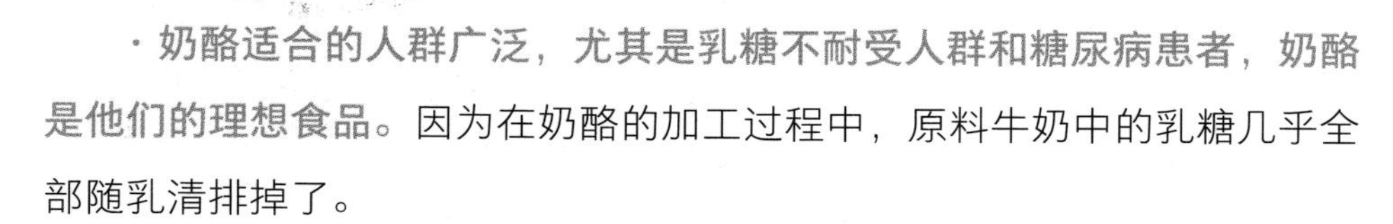

· **奶酪适合的人群广泛，尤其是乳糖不耐受人群和糖尿病患者，奶酪是他们的理想食品。**因为在奶酪的加工过程中，原料牛奶中的乳糖几乎全部随乳清排掉了。

· **奶酪中的营养更易被人体吸收。**因为在凝乳酶和蛋白酶等的作用下，原料牛奶中的蛋白质被分解成小分子物质，是人体生物活性肽的重要来源，更益于人体吸收，消化率高达96%～98%。

·吃奶酪补钙更容易，奶酪是重要的钙源食物。奶酪中的钙不仅含量高而且易于被人体吸收，100克奶酪可提供700～1000毫克钙，可完全满足每日人体钙摄入的需求。而且奶酪中钠、磷等矿物质元素的含量也相当丰富，磷有助于钙的吸收，对于骨骼和牙齿的健康都有益处。

奶酪具有独特的浓郁醇香的味道，使喜爱奶酪的人无不津津乐道。

Column

奶酪的历史比你想象得要久远

奶酪实际上是一种传统食品，有着悠久的历史。据考古证明，公元前3000年左右，在希腊西西里岛上就发现了制作奶酪的排水漏斗。到了公元前3世纪，奶酪的制作工艺已经相当成熟。事实上，人们在古希腊时已奉上奶酪敬拜诸神，而在古罗马时期，奶酪更成为一种表达赞美及爱意的礼物。到了13世纪，法国开始出现奶酪专业生产商。

我国奶酪的历史也很悠久，在秦汉时期的古籍中就有对奶酪的描述。而在南北朝时期贾思勰所著的《齐民要术》中，就已有关于奶酪的详尽的制作方法了。北宋时期，奶酪已经进入当时的首都开封，成为街巷上的名吃，备受欢迎。到清朝时，奶酪是皇家必备的点心，宫廷奶酪的做法一直流传下来。如今，在北京“三元梅园”销售的奶酪，据说用的就是从皇宫中传出来的配方，但不同于前文所讲的奶酪的浓缩工艺。

从牛奶中分离出的乳脂肪——奶油

推荐指数

奶油是从新鲜牛奶中分离出的乳脂肪，所以吃到嘴里有些许油腻的感觉。奶油中脂肪的消化吸收率极高，且富含脂溶性维生素，特别是维生素A、维生素D，为一切食用油脂之首，不仅可以直接加工制成可口的风味食品，如甜奶油、酸奶油、花色奶油和黄油，而且也是冰淇淋、雪糕等冷冻食品、西餐和各种糕点制作不可缺少的原料。

Column
植物奶油和动物奶油有什么区别？

简单说，植物奶油是将植物油通过特殊的化学工艺（氢化）制作出来的，这种化学工艺的重要目的是降低植物油的流动性，使其看起来更像动物奶油，所以植物奶油也被称为“人造奶油”，而从新鲜牛奶中分离出来的动物奶油又被称为“天然奶油”。植物奶油的主要优点是含不饱和脂肪酸多，熔点低，与口腔温度相近，入口即化，而且没有奶膻味，因此被广泛地用于各种食品加工中，特别是用植物奶油制作的蛋糕口味非常清淡、爽口，甜而不腻。但需要特别注意的是：植物奶油因或多或少含有反式脂肪酸，食用后会增加患心血管疾病、糖尿病等疾病的风险，世界各国已纷纷对此进行限制。在我国已强制要求从2013年1月1日起，食品配料含有或生产过程中使用了植物奶油或相似产品时，在营养成分表中应标示出反式脂肪酸的含量。如果反式脂肪酸含量低于0.3克/100克，可标示为“不含”“无”等。有报道称，科学家已发现反式脂肪酸因为是“假油”，无法被身体分解，也无法被代谢出去，最后只能留在体内，囤积在细胞或血管壁上，可能造成肾结石等危害，因此，强烈建议少吃或不吃含反式脂肪酸的食品。

婴幼儿的健康口粮——婴幼儿配方奶粉

奶粉是将生牛奶经过配料、杀菌、真空浓缩、喷雾干燥等工艺制成的粉末状产品。婴幼儿配方奶粉是以奶及奶制品为主要原料，并添加植物油、维生素、矿物质等营养物质生产而成的专供0~3岁婴幼儿食用的食品，是专门为婴幼儿研制的“特殊配方”奶粉。

◎ 母乳是婴幼儿配方奶粉的“金标准”

母乳是自然界提供给婴儿最安全、最理想的食物，对于婴儿而言，母乳的营养和食用便利性是其他任何食物无法比拟的。母乳不但含有宝宝生长所需的全部营养，还含有多种免疫活性物质和有益微生物，能促进婴儿的免疫体系形成。国家母婴乳品健康工程技术研究中心的多点、多中心临床队列研究发现，母乳喂养的宝宝在生长发育、肠道微生物组成等方面优于奶粉喂养的宝宝，因此，应遵循0～6个月坚持全母乳喂养原则。在母乳不足或者缺乏母乳时，婴幼儿配方奶粉是母乳的首选替代品或者补充品，能够满足宝宝们健康成长需要。

母乳是婴幼儿配方奶粉的“金标准”。婴幼儿配方奶粉的发展历程就是持续不断地研究模拟母乳的成分与功能。对比研究发现，牛奶在蛋白质、脂类、碳水化合物等多种重要组分上与母乳同源性与相似性更高，所以，牛奶是精确模拟母乳组成与功效等最好的天然基料。

0~36个月的宝宝，在母乳不足或者缺乏母乳时，可选择食用婴幼儿配方奶粉。婴幼儿配方奶粉通常分为1、2、3段奶粉，在选择婴幼儿配方奶粉时应按照不同年龄段正确选用。其中，0～6月龄婴儿应选择1段婴儿配方奶粉；7～12月龄婴儿应选择2段较大婴儿配方奶粉；13～36月龄的宝宝，应选择3段幼儿配方奶粉。婴儿不宜食用普通鲜牛奶、酸奶、奶酪等，因其蛋白质和矿物质含量较高，会增加婴幼儿肾脏负担；13月龄以后的幼儿可以适当喝一些牛奶和酸奶，但要尽量选择不含糖的奶制品。4～6岁可选择专门为学龄前儿童研制的4段儿童配方奶粉。

◎ 为宝宝选择合适的奶粉

由于基因、饮食与生活方式明显不同，中国母乳的组成自然也不同于欧美等国家和地区的母乳。国家母婴乳品健康工程技术研究中心2014年起建立了国内首个跨6省市、8区域、7个饮食圈、共11个点的多点、多中

心母婴营养研究队列，创建了覆盖宏量、微量营养素、微生物等组分的中国健康母乳成分数据库。与国外母乳研究结果比较发现，中国母乳成熟乳中蛋白质、脂肪等含量与丹麦、新西兰、美国、日本有差异，尤其是脂肪组成，如我国母乳脂肪中sn-2位棕榈酸甘油三酯的组成与欧美等国家和地区的母乳完全不同。此外，我国母乳中铁、维生素B_2和维生素D的含量高于美国母乳。

不同国家母乳中宏量成分含量及与牛乳的比较　单位：%

母乳	初乳		过渡乳			成熟乳					牛乳
成分	中国	丹麦	中国	丹麦	新西兰	中国	丹麦	新西兰	日本	美国	
蛋白质	2.0	2.0	1.6	1.5	1.5	1.3	1.3	1.3	1.1	1.0	3.3
脂肪	2.1	2.6	3.1	3.7	3.7	3.0	4.1	4.1	3.5	4.4	3.9
乳糖	6.3	—	6.6	—	—	6.7	—	—	—	—	4.7

因此，各国科学家在国际法典的指引下，依照本国母乳的营养组成及比例研制配方来生产满足本国婴幼儿生长发育需要的婴幼儿配方奶粉，所以，在不同国家生产的婴幼儿配方奶粉在营养构成上有一定的差别，主要是在矿物质、维生素、微量成分以及蛋白质、脂肪、碳水化合物等宏量成分上存在差异，而这些差别可能会给异国的婴幼儿生长发育带来较大影响，所以，不同国家和地区的妈妈们应为宝宝选择为本国本地区宝宝生产的婴幼儿配方奶粉。我国0～12月龄婴儿配方奶粉安全标准中宏量成分与我国母乳中相应含量高度契合，蛋白质和脂肪含量接近母乳过渡乳和成熟乳中蛋白质、脂肪含量，碳水化合物含量接近母乳过渡乳中碳水化合物含量。

我国经营婴幼儿配方奶粉的企业，其产品必须符合我国食品安全国家标准的规定，其配方要在国家市场监督管理总局进行备案，要在各省市

（自治区）市场监管部门获得婴幼儿配方食品生产许可后才能够生产销售。

婴幼儿配方奶粉研究开发和生产企业生产婴幼儿奶粉时遵循如下重要原则：一是根据中国母乳的营养成分以及功能为中国宝宝专门设计配方；二是产品符合食品安全国家标准规定，其营养指标能够满足中国居民膳食营养摄入量的要求，满足中国婴幼儿的生长发育需求；三是建立食品安全管理体系并符合婴幼儿配方奶粉良好生产规范的规定。

为了保证婴幼儿配方奶粉的质量安全，国家在对婴幼儿奶粉产品配方进行注册的同时，对生产企业进行定期的审查，并对市场销售产品开展月月抽检工作，消费者可以关注国家市场监督管理总局等政府部门的官方网站，上面都会定期公布对婴幼儿配方奶粉的质量抽检报告，方便大家选择婴幼儿奶粉放心产品或品牌。

小贴士

冲调婴幼儿配方奶粉的小技巧

· 准备冲调奶粉前应先将双手洗净。

· 将奶瓶（尽量选用玻璃材质的奶瓶）、奶嘴及奶瓶盖彻底洗净，使用前用消毒器消毒或者用沸水煮不少于5分钟。

· 应选用煮沸后冷却下来的生活饮用水冲调，不要用矿泉水、米汤、豆浆等，否则易引起孩子消化不良和便秘。

· 冲调奶粉的水温应在40～50℃（可将水滴于手腕处感觉温度是否合适），温度太高或太低都不好，具体以产品说明为准。

· 冲调奶粉时，应当仔细查看包装说明，按照建议的比例进行冲调，且使用奶粉配备的专用量勺。

· 正确冲调方法：先用奶瓶量取定量的温水，然后将奶粉加入到水中并摇匀至奶粉全部溶解。

· 冲调奶粉时产生泡沫是正常现象，可以放心食用。

注意： 完成冲调后应立即喂哺，没喝完的应在1小时内喝完，超过这个时间，就不要给宝宝喝了。

◎ 不能用牛奶替代婴幼儿配方奶粉

有消费者会问，可以用牛奶替代婴幼儿配方奶粉吗？这是不可以的。首先，牛奶中的蛋白质主要是酪蛋白，分子结构大，不利于宝宝吸收，会给新生儿尚未发育成熟的肾脏带来压力，严重时会引起新生儿发热、腹泻等，而婴幼儿配方奶粉中的蛋白质主要是乳清蛋白，分子结构小，易消化吸收。其次，牛奶中的乳糖含量较少，且缺乏一些婴幼儿生长发育所必需的维生素、矿物质营养素，而婴幼儿配方奶粉中会添加乳糖，使其更接近母乳中乳糖的含量。另外，婴幼儿配方奶粉中会强化铁、胆碱、牛磺酸、维生素C、维生素E等满足婴幼儿正常生长的营养成分，还会添加能够促进婴幼儿智力发育、神经系统发育的多不饱和脂肪酸，如二十二碳六烯酸（DHA）、二十碳四烯酸（ARA）。婴幼儿配方奶粉比牛奶更符合婴幼儿的生理特点及营养需要。所以，配方奶粉比牛奶更符合婴幼儿的生理特点，既容易消化吸收，又有利于心脑发育。

◎ 其他配方奶粉

除了婴幼儿配方奶粉外，奶粉还有很多种类，如全脂奶粉、脱脂奶粉、配方奶粉等。其中全脂奶粉是以100%生牛奶为原料加工制成的奶粉，而脱脂奶粉是先将生牛奶提取脂肪后再加工成的奶粉，这两种奶粉均可供消费者直接冲泡食用，但更多的用途是许多食品生产的原料，用于生产巧克力、饼干、饮料等各种食品。

配方奶粉是根据不同年龄段消费者的营养需要，以奶和奶制品为主要原料，通过添加其他辅料来调整主要营养成分、增加营养功能而制成的奶粉。目前市场上销售的配方奶粉主要包括中老年配方奶粉、儿童和青少年配方奶粉、孕产妇配方奶粉、学生配方乳粉、低乳糖奶粉等。

◎ 特别的“复原乳”

奶粉也经常会被“还原”，再加工成牛奶，这样的牛奶通常被称为“复原乳”。在超市购买牛奶等奶制品时，会发现有的产品上标注了“复原乳”字样。它们与直接食用的以生牛奶为原料的液体奶有所区别，这类产品是用奶粉溶于水以后生产的。因为奶粉是由生牛奶经过高温等工艺加工的，再将其溶于水，用作生产复原乳的原料，会造成牛奶中营养成分有较大的损失，也会影响其营养价值和风味。

4．拥有“神力”的牛奶

牛奶，其实像其他哺乳动物的乳一样，是为满足新出生的幼体不断生长发育和抵抗疾病需要的“口粮”，一定拥有“神力”，这点，你不会怀疑吧！

牛奶中的七大营养素

你知道人体所需的七大营养素吗？它们是水、碳水化合物、脂类、蛋白质、维生素、矿物质和膳食纤维，在牛奶中都含有。

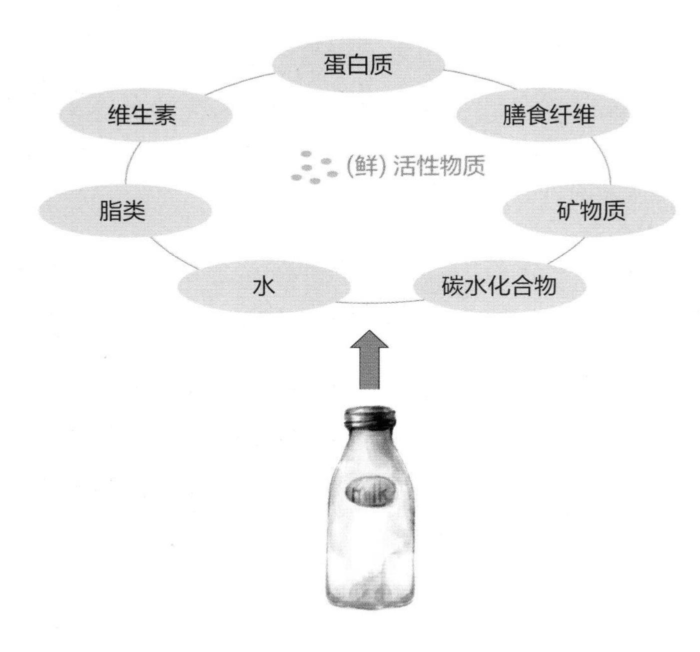

水

不要以为水没有营养，不重要，其实，“水是生命之源”已经很好地诠释了水对于生命的重要性！牛奶中的水含量高达88%左右，但在这里，我们想要告诉你的是牛奶中的“水”可不是一般的水，因为它是从奶牛血液中通过渗透压带着营养物质一起进入牛奶中的，是完美营养的“结合体”，而往牛奶中人为加入的水是与牛奶分离的“游离水”，是能够被测出来的，也是被禁止的。

碳水化合物

牛奶中的碳水化合物是以乳糖为主的糖类物质，乳糖占比99.8%。乳糖是哺乳动物乳汁中特有的成分。乳糖在人体内代谢可生成半乳糖，半乳糖对于婴幼儿智力发育非常重要，它能促进脑苷脂类和黏多糖类的生成，母乳中乳糖的含量要远高于牛奶。此外，乳糖能促进钙的吸收，还能促进肠道内乳酸菌的生长，可以抑制肠道内异常发酵所造成的不良影响。

Column

乳糖不耐受

大多数人喝了牛奶后是可以消化吸收的，但有些人喝完牛奶会发生腹胀、腹泻的状况，这是因为这些人的体内缺乏一种物质——乳糖酶，无法消化牛奶中的乳糖，这类人群即为“乳糖不耐受”人群，又称乳糖消化不良或乳糖吸收不良。乳糖的消化吸收是建立在人体内有乳糖酶的前提下，如果没有，牛奶进入消化系统后，牛奶中的乳糖无法分解成半乳糖和葡萄糖，乳糖会直接来到大肠，这里的细菌将“享受”乳糖这一美食，人体就会因为大肠内细菌的大量繁殖而遭受腹痛、腹泻等的折磨。

那么，患有乳糖不耐受的人群就无福享受牛奶了吗？别着急，其实办法有很多。首先可以尝试少量多次饮用牛奶，帮助肠道逐渐适应；其次，可以喝无乳糖或低乳糖的牛奶制品；当然，还可以选择喝酸奶，或将牛奶与主食一起食用，都是没有问题的。

牛奶中的脂肪是牛奶香味的重要来源。乳脂中约98%为甘油三酯，其余为磷脂、胆固醇和其他类脂及游离脂肪酸；乳脂肪中含有一定量的短链、中链脂肪酸，其熔点低于人的体温，且脂肪球颗粒小，呈高度乳化状态，极易被人体消化吸收，给机体造成的负担很小，因而被认为是肠胃道、肝脏、肾脏以及胆囊疾病和脂肪消化紊乱患者膳食中最有价值的成分。乳脂中还含有人类必需的脂肪酸和磷脂，也是脂溶性维生素的重要来源，因而乳脂肪营养价值较高；此外，乳脂中所含的卵磷脂能提高大脑的工作效率。现在有些人谈脂肪色变，其实，牛奶中的脂肪含量并不高，一杯250毫升的全脂牛奶中乳脂肪的含量约为9克，远低于零食（如饼干）或炒菜时使用的食用油中的脂肪含量。而且，牛奶中的胆固醇含量也相当低。近年来越来越多的实验表明，食用全脂牛奶并不会导致人血浆胆固醇含量增加，这可能与牛奶中某些可降低血浆胆固醇水平的成分有关。

牛奶中的蛋白质是在乳腺中合成的，在自然界的其他地方并不存在。因为牛奶中含有人体所需的全部必需氨基酸，所以牛奶蛋白质被称为“完全蛋白质”。另外，牛奶中的蛋白质已经呈良好的乳浊状态分散于奶液中，所以人体对其消化吸收的速度要比肉、蛋、鱼等快，消化吸收率更是优于植物蛋白质。

A2牛奶指的是只含有A2型β-酪蛋白的牛奶。牛奶中主要存在两种蛋白质：酪蛋白和乳清蛋白，β-酪蛋白就是酪蛋白的一种。β-酪蛋白主要有两种不同的类型：A1型和A2型。有研究表明，牛奶中的A2型β-酪蛋白和母乳中的β-酪蛋白分子结构更为接近，所以更容易被人体消化吸收。

含有A2型β-酪蛋白的牛奶，只能由经过基因技术筛选出的A2型奶牛才可以产出。起初，所有的奶牛都是A2型，但在数千年的物种繁衍过程中，逐渐产生了A1型奶牛，反而蛋白质结构从未发生改变的纯种A2型奶牛变得十分珍贵而稀有。通过基因筛查技术，人们可以获得只产出含有A2型β-酪蛋白牛奶的奶牛。

A1型β-酪蛋白和A2型β-酪蛋白的区别在于其结构中同一个位置上氨基酸的种类不同（A1型β-酪蛋白的第67个氨基酸是一个组氨酸，而A2型β-酪蛋白是一个脯氨酸），从而导致A2型β-酪蛋白消化后不会产生β-酪啡肽-7，该物质在一定程度会引起消化系统不适。对于饮用牛奶不适的人群来说，喝这种牛奶能减低甚至消除喝牛奶后腹胀、腹泻的状况。

牛奶中的矿物质含量丰富，每100克牛奶中含有104.00毫克钙、73.00毫克磷、37.20毫克钠、11.00毫克镁、0.30毫克铁、0.42毫克锌、1.94微克硒、0.02毫克铜、0.03毫克锰、109.00毫克钾，而且各种矿物质之间处于平衡状态，能够维持身体的正常

生理功能。如钙和磷合适的比例适于构成骨骼，钾和钠合适的比例适于维持体液的渗透压以及体液的酸碱平衡，钙和钾也是维持肌肉良好功能的必需营养素，有助于增加骨密度和质量，预防骨质疏松。牛奶中的钾可使动脉血管在高压时保持稳定，减少中风风险；牛奶中的磷能预防动脉硬化。

牛奶中含的维生素种类非常丰富，如脂溶性维生素A、维生素D、维生素E、维生素K，水溶性B族维生素（维生素B_1、维生素B_2、维生素B_6、维生素B_{12}），以及烟酸、生物素、泛酸、叶酸等。其中，维生素B_2、维生素B_{12}对维持神经系统正常生理功能有重要作用，而维生素B_{12}仅在动物食品中存在。牛奶中维生素A和胡萝卜素含量也很高，胡萝卜素赋予牛奶以淡黄色，摄入人体后会形成维生素A。

牛奶中还含有多种低聚糖，如低聚半乳糖、唾液酸乳糖、岩藻糖基乳糖、唾液酸-*N*-乙酰-乳糖胺等，这些低聚糖的含量虽然很低，但具有促进肠道益生菌增殖、调节免疫等重要生理功能。

牛奶和酸奶是增强免疫力的最佳助手

通过以上介绍，我们发现牛奶的营养非常全面。它具备了人体所必需的七大营养元素（水、碳水化合物、脂类、蛋白质、矿物质、维生素、膳食纤维），这对于天然食品来说非常难得。不仅如此，牛奶对于增强体质、提升人体免疫力也有着积极的贡献。

牛奶中含有的优质、丰富的蛋白质，是我们在遭遇病毒时最好的支持者，因为当外来病原微生物侵入人体时，人体内免疫系统要与入侵者斗争，让免疫系统充分发挥作用需要蛋白质的参与。

牛奶中的蛋白质包含了人体所需的全部必需氨基酸，消化利用率高，用于免疫系统各种蛋白质的合成，是对人体健康有益的全蛋白。不仅如此，它还是α-乳白蛋白和乳铁蛋白等多种活性蛋白质的来源。其中，α-乳白蛋白是多种活性肽和必需氨基酸的重要来源，具有一定的抗菌特性。

乳铁蛋白是目前公认的具有多效免疫调节活性的蛋白质，于1960年首先在母乳中发现，尽管牛奶中的乳铁蛋白仅是母乳中的10%，但仍受到了空前重视，这是因为乳铁蛋白在机体免疫防疫系统中发挥着重要作用，它不仅能调节铁的代谢，还能调节肠道菌群，并影响多种免疫细胞，具有抑菌、抗病毒的作用。乳铁蛋白作为天然免疫屏障保护机体，在机体正常时在血液中的含量为0.2～4毫克/毫升，但当机体发生炎症反应时，局部乳铁蛋白浓度可高达100毫克/毫升，发挥其免疫功能。研究表明，病毒入侵的早期，乳铁蛋白是通过防止病毒对宿主细胞的识别和入侵达到抗病毒的作用。

低温巴氏杀菌鲜牛奶中富含乳铁蛋白，这也是建议消费者多饮用低温鲜牛奶的原因之一。高温处理，乳铁蛋白的生物活性会受到破坏。低温鲜牛奶中还富含免疫球蛋白，尤其对于中老年人群，适当摄取具有良好的促进免疫功效。

除了鲜牛奶，还有个重要产品，就是酸奶，它对于增强人体肠道的免疫功能有着重要的作用。

国家卫生与健康委员会发布的《新型冠状病毒感染的肺炎诊疗方案（试行第五版）》将肠道微生态调节剂纳入诊治方案中：“可使用肠道微生态调节剂，维持肠道微生态平衡，预防继发细菌感染”，其中肠道微生态调节剂包括益生元和益生菌。在常规治疗肺炎基础上，益生菌辅助治疗能有效缓解由肠道菌群紊乱所致肺炎继发腹泻。通过前面的介绍，我们知道益生菌酸奶中富含益生菌，可以抑制有害菌的生长，维护肠道菌群的平衡，有助于减少肠道紊乱，增强机体免疫力等。

研究表明，益生菌通过竞争肠道内的营养成分、干扰致病菌在肠道内的定殖、竞争肠道上皮细胞结合位点、产生细菌素、降低结肠pH以及对免疫系统的非特异性刺激来调节免疫系统。一般来说益生菌往往通过四个方面调节免疫功能：①通过刺激肠道上皮细胞表面识别细菌或病毒的受体，抑制病原体诱导产生炎症因子；②促进肠道上皮细胞的增殖和修复，保证屏障功能完整性，减轻局部炎症反应；③激活肠道中的免疫细胞，调节肠道内皮细胞的通透性抑制病原体；④提高肠道中分泌型免疫球蛋白含量，从而增强对病原体的抵抗能力。

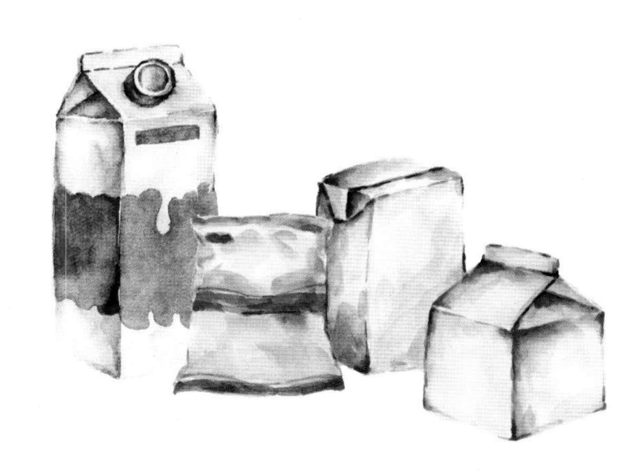

Part

2

适时适所地选择牛奶

通过前面的介绍，我们了解到牛奶的“神奇”和“宝贵”之处，为了身体健康，提升抵抗力，我们应多喝牛奶，多吃奶制品！《中国居民膳食指南（2016）》中建议每人每日摄入不低于300克的牛奶或相当于300克牛奶的奶制品，而市场上奶和奶制品的种类繁多，我们可以依据个人的喜好，在不同时间、不同场合，选择不同的产品。

让牛奶相伴，开启我们的健康生活！

1．早餐：选择饮用方便、营养全面、迅速补充能量的牛奶

“早餐要吃好”是老一辈人传下来的“至理名言”。早餐是否吃得好关系到一天的工作、生活状态。所以，早餐食品的选择非常重要。

早餐量不宜太大，也不宜摄入能量过高和难消化吸收的食物。每100克牛奶约有60千卡的热量，且牛奶中蛋白质和脂肪的消化吸收率很高，可达90%以上。因此，牛奶非常适合作为早餐食品。

早餐牛奶和牛奶制品选择要点

要方便食用。早晨要赶去上班、上学，总觉得时间不够用，紧张而忙碌，所以能够快速解决的早餐就显得尤为重要，随手带上瓶装或屋型纸盒装的鲜牛奶就很方便。

要吸收好，能量均衡。如果早餐仅是牛奶是不够的，要配合一些谷物食品如面包等，这样牛奶中的优质蛋白质和谷物中的氨基酸结合，才能更好地被吸收。

要保证能量和蛋白质的供应。牛奶容易吸收，但并不耐饥，所以可选择一些纤维丰富的食物与之搭配，如粗粮面包或粗粮做的馒头等。

早餐牛奶和牛奶制品推荐

鲜牛奶

相比常温纯牛奶，低温鲜牛奶的营养物质更全面，在早晨喝一杯鲜牛奶能够提供更为充足的营养。超市里买回来的鲜牛奶已经过杀菌处理，完全可以放心直接饮用。但许多人不习惯饮用从冰箱中直接取出的牛奶，喜欢将牛奶加热后饮用。加热牛奶一定要注意方法，可以在室温下放置一会儿，或者稍微加下温，加热至30℃左右就可以了。如果将鲜牛奶烧开后再饮用，很多营养元素如维生素、生物活性成分等都会损失，所以建议不要烧开后饮用。

小贴士

鲜牛奶选购法

面对超市琳琅满目的鲜牛奶产品，正确选择的第一步就是走向超市的冷藏柜。这是因为巴氏杀菌奶，也就是我们通常所说的鲜牛奶对存储温度要求较高，通常需要在2～6℃条件下保存。接着通过以下“三必看”原则来完成正确选择：第一，必看产品类别和生产厂家信息，确认产品有“巴氏杀菌”字样，并尽量选用正规、知名厂商提供的产品；第二，必看生产日期和保质期，以此来判断该产品是否在保质期内；第三，必看营养成分表，通过关注蛋白质、脂肪等营养成分来选择适合我们需求的产品。（注意：现在有些商家将常温奶也放在冷藏柜中销售，为了避免“拿错”，一定要看保质期和杀菌方法！）

早餐奶

如果早上时间紧，或着急出门，带上一盒早餐奶，也能补充一定的能量。早餐奶是一种调制乳，一般而言，调制乳是以不低于80%的生牛奶或复原乳为主要原料，添加其他原料或食品添加剂，或营养强化剂，采用适当杀菌或灭菌等工艺制成的液体产品。早餐奶采用巴氏杀菌和超高温灭菌两种不同的杀菌方式，储存条件和保质期根据不同的杀菌方式而有区别。早餐奶便于携带且易于饮用，在提供全面营养摄入的同时也能提供良好的口感。

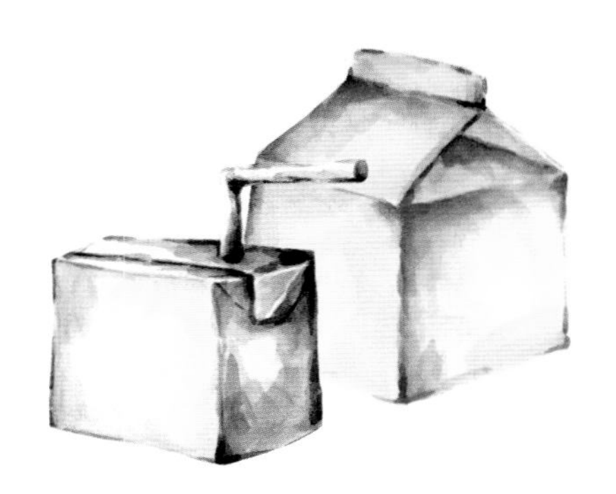

切片奶酪

奶酪的营养丰富，可以为早餐提供充足的营养和能量。可以与馒头、面包配合，直接夹在其中，营养满满!

快手早餐

鲜牛奶+面包+鸡蛋

鲜牛奶和面包、鸡蛋的组合是方便又营养的早餐方式。

这个组合是有道理的：面包中含有赖氨酸（氨基酸的一种），与牛奶或鸡蛋等含有优质动物蛋白的食物一起食用，更有利于人体吸收，从而达到营养均衡的目的。

鲜牛奶可以空腹喝吗？早上因为时间匆忙，有人就用一杯牛奶代替了早餐，对于饮奶不适人群，尤其是乳糖不耐受人群，这是不科学的，因为牛奶在胃肠道滞留时间较短，营养成分难以充分吸收。喝牛奶时最好搭配食用碳水化合物类食物，如面包、包子、米粥、麦片等，这样营养才能更好地吸收。

趣味早餐

香蕉牛奶松饼

材料：　香蕉1根，纯牛奶250克，鸡蛋1个，面粉200克，蜂蜜适量。

做法：
1. 将香蕉碾成泥，加入鸡蛋和牛奶搅拌均匀。
2. 边搅拌边加入面粉，搅拌成稠糊状。
3. 开小火，用小勺将面糊均匀放入不粘锅中，每一面煎90秒。
4. 一面熟了之后，再翻个面煎相同时间，出锅之后淋上蜂蜜调味。

2．午餐：选择美味、高热量的牛奶或牛奶制品

老话说“中午要吃饱”，中午这顿饭至关重要，为人体提供全天40%的热量和营养素，中午吃饱是要补充一个人上午的消耗，为下午工作、学习提供热量保证。对于很多上班族或是学生，因为一时忙碌就忘了吃饭，这样会影响胃肠道发挥正常功能，也很容易出现晚餐暴饮暴食的现象而导致发胖和亚健康。

午餐不可吃得过饱，八分饱最好，摄入太多脂肪和碳水化合物会让人下午昏昏欲睡，影响工作和学习效率。正如《素问》曰：“食饮有节，起居有常……度百岁乃去。”

午餐牛奶和牛奶制品选择要点

适当选择奶酪。午餐的营养要尽量全面，谷物、蔬菜都必不可少。奶酪可提供优质蛋白质、脂肪、维生素A、维生素D等，还能起到提香的作用，与谷物、蔬菜搭配可令口感更佳，更有食欲，如可选择夹有奶酪和蔬菜的三明治等。

来一杯酸奶。酸奶益处多多，在前面已经介绍过，中午配餐加杯酸奶，一方面丰富了营养，对肠道健康有益；另一方面，在饭后来一杯美味的酸奶，还可令心情愉悦，下午的工作效率更高!

快手午餐

酸奶蔬菜坚果沙拉

将酸奶与黄瓜、苹果、榛子、腰果等混合在一起就可以做成美味营养的沙拉了。有条件的还可以加入一汤匙苹果醋，味道也不错。

酸奶：可补钙，有益于肠道平衡。

黄瓜、苹果：含有丰富的维生素C。

榛子、腰果：含有多种维生素和矿物质。

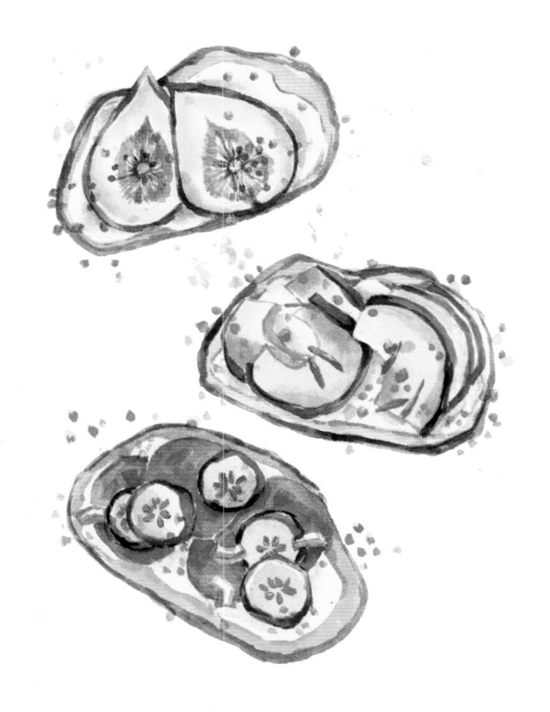

三明治+酸奶

选用切片面包，在面包片上放上切片奶酪、火腿片、卷心菜或生菜叶，再根据喜好淋上蜂蜜或金枪鱼酱或沙拉酱，一道简单的三明治就做好啦！

奶酪：拥有丰富的钙质和矿物质，能够强壮骨骼、肌肉和牙齿。

卷心菜：含有丰富的维生素C、维生素K、维生素U等。

酸奶：补充钙质，维护肠道菌群平衡。

☑ Tips 在三明治制作的最后一步，不用蜂蜜或者其他酱料，换成酸奶，浓厚的奶香味会让三明治更美味，你可以试试哦！

趣味午餐

海鲜焗饭

材料：虾仁200克、蛤蜊50克、鱿鱼50克、洋葱50克、青豆30克、马苏里拉奶酪100克、大米200克、番茄酱100克、盐5克、黑胡椒3克、橄榄油10克、白葡萄酒10克、欧芹10克、柠檬1个、大蒜少许、淡奶油少许

做法：

1. 虾仁、鱿鱼切丁，洋葱大蒜切末，柠檬切片，备用。
2. 热锅倒入橄榄油，将洋葱末煸香，放入虾仁、鱿鱼微炒后加入白葡萄酒起香，加入番茄酱、适量水和大米烧制。
3. 待大米烧制成熟时加入少许淡奶油、盐和黑胡椒进行调味，撒入马苏里拉奶酪并拌匀。
4. 放入220℃烤箱烤至金黄色，撒欧芹、柠檬片、蛤蜊、青豆装饰。

☑ Tips　如果没有这么多食材，简单地用米饭、鱿鱼、大虾、洋葱配上马苏里拉奶酪，放入烤箱或微波炉烤制，也一样便捷美味。

Column

牛奶家族新“网红”——马苏里拉奶酪

被称作“奶黄金”的天然奶酪。通常8～10千克生牛奶才能加工出1千克天然奶酪，可谓名副其实地浓缩了奶中精华。马苏里拉奶酪（Mozzarella）就是一种天然奶酪，源于意大利南部坎帕尼亚和那不勒斯，加热后融化并可拉出很长的丝，是制作比萨、焗饭等烘焙美食的重要原料。

马苏里拉奶酪选购法。一看，奶酪色泽洁白或呈淡黄色，质地紧实，表面光滑细腻；经烤箱烘烤后，奶酪可拉丝，不易断裂；二闻，奶香味浓、纯正，没有化学制品或添加剂等物质的异味；三尝，奶味足、柔软，烘烤后的奶酪不粘口，有一定的韧性，但不会有如咀嚼口香糖的橡胶感。奶酪烘烤后都会有出油现象和焦斑分布，是正常现象。

马苏里拉奶酪的保存和解冻。一般为低于-18℃冷冻保存。马苏里拉奶酪的解冻很关键，不建议常温解冻，会造成马苏里拉奶酪过于软化，发黏，影响品质。为保证拉丝效果和融化性最佳，建议密封解冻，可存放在干净、密封的容器中冷藏解冻（从冰箱冷冻室拿到冰箱冷藏室）。切忌反复解冻冷冻，奶酪在解冻后再冷冻，表面很容易结成冰晶，会对烘烤后奶酪的拉丝效果和融化效果造成影响。

3．下午茶：咖啡的绝妙搭档

午饭和晚饭的间隔时间较长，到了下午3、4点钟，身体内葡萄糖含量已经降低，身体和大脑会发出疲劳及饥饿的信号。短暂休息时来杯咖啡、奶茶或小甜点，可避免思维迟缓，防止出现烦躁、焦虑等不良情绪。

下午茶牛奶和牛奶制品选择要点

牛奶和咖啡是绝妙搭档。如果有条件，建议选择鲜牛奶和咖啡搭配。有人曾测试过，将鲜牛奶和纯牛奶分别加入咖啡中，加入鲜牛奶的味道会更加美妙。

奶茶是现今流行的时尚饮品，自制奶茶别有乐趣，选择鲜牛奶或纯牛奶均可。还可将茶与风味调制乳搭配，如香蕉牛奶，风味独特。

冰拿铁咖啡

材料：　鲜牛奶或纯牛奶300毫升，咖啡浓缩液30毫升，冰块适量。

做法：　1. 将300毫升牛奶倒入杯中，并加入冰块。

2. 将咖啡浓缩液倒入杯中即可。

☑ Tips　制作冰拿铁咖啡，也可先倒入咖啡，再加牛奶，这样奶味更浓。

一杯拿铁中80%都是牛奶。成就一杯拿铁的丝滑口感，牛奶的选择是关键，牛奶的脂肪与蛋白质含量及杀菌条件都会影响奶泡的形成，要选择蛋白质和脂肪含量都较高的专属牛奶，才能打出更多、更细滑绵密的奶泡，且奶味持久。蛋白质是奶泡形成的关键。牛奶发泡的基本原理，就是利用蒸汽冲打牛奶，使空气进入液体状的牛奶，利用乳蛋白的表面张力作用，形成许多细小泡沫，让液体牛奶体积膨胀，成为泡沫状的牛奶。在发泡的过程中，乳脂肪的作用就是让这些细小的泡沫形成稳定的状态，而在饮用时，细小泡沫会在口中破裂，芳香物质散发，使咖啡和牛奶的风味能完全融合在一起。

悬浮咖啡

材料：纯牛奶300毫升，速溶黑咖啡10克，白砂糖10克，热水30毫升，冰块适量。

做法：

1. 将速溶黑咖啡倒入容器中，加入热水、白砂糖，用手持打发器打发咖啡至起泡。
2. 在杯中放入冰块，再加入纯牛奶至八分满。
3. 将打发好的泡沫咖啡轻轻倒入杯中，至满杯即可。

杨枝甘露

材料： 全脂牛奶70毫升，芒果肉120克，冰糖糖浆20毫升，脆波波50克，椰浆20毫升，红西柚粒10克，冰块120克，奶油味汽水60毫升，芒果丁20克。

做法：
1. 饮品杯中加入脆波波备用。
2. 将芒果肉、冰块、全脂牛奶、冰糖糖浆、奶油味汽水放入冰沙机搅打成冰沙。
3. 将椰浆倒入饮品杯挂壁。
4. 将冰沙倒入饮品杯，用勺轻轻搅拌，使更加美观。
5. 顶部加入芒果丁、红西柚粒即可。

芝士乌龙奶茶

材料：　芝士奶盖80毫升，乌龙茶叶7～8克，热水300毫升，冰块320克，果糖30克。

做法：
1. 家用打蛋器慢速打发芝士奶盖5分钟，形成稳定气泡体，冰箱冷藏备用。
2. 乌龙茶叶用100℃热水冲泡10分钟，滤出茶汤备用。
3. 取700毫升杯子，依次放入果糖、冰块，倒入乌龙茶汤300毫升和打发好的奶盖（一定要等到茶水冷却到常温后再加奶盖，这样奶盖不易融化）。
4. 盖上杯盖，出杯即可。

红到发紫的奶盖茶，好喝但是热量可不低！我们在奶茶店喝到的奶盖茶，奶盖甜咸适口，配合清新的茶味，颜值爆表，风味独特。奶盖茶是分层的，以茶打底，上盖一层用芝士奶盖搅打而成的将近3厘米厚的奶盖，轻抿一口感受奶盖绵密温润的口感，再用吸管直插杯底，细品清新解渴的茶香。但一杯含糖的奶盖茶热量约为250千卡，相当于500～600毫升可乐的热量，想要控制体重的朋友们要小心热量超标哦！

4. 晚餐：奶制品让晚餐多点花样

忙碌了一天，有什么比家中饭菜的香气更让人期待呢，一顿美味可口的餐食，才能真正慰藉忙碌的身心。奶制品有很多突破想象的“神仙”吃法，剑走偏锋，却别有一番滋味，为平淡的生活增添几分乐趣。

晚餐牛奶和牛奶制品选择要点

奶酪是让美食更加好吃、好玩的必备食材之一。例如有一道韩式餐点——芝士排骨，就是在做好的排骨表面撒上一层厚厚的马苏里拉奶酪，加热后，在马苏里拉奶酪呈可拉丝状时，将排骨卷起来食用，既有趣又美味。所以，巧妙用好奶酪，会有很多意想不到的惊喜。

与中餐结合，牛奶也会为平淡的食物带来不错的享受。如用牛奶和大米制作的牛奶粥、牛奶与西米制作的西米露等。

趣味晚餐

奶酪火锅

材料：马苏里拉奶酪200克，切达奶酪200克，水200毫升，白葡萄酒100毫升，淀粉适量，切片面包300克，土豆200克，洋葱100克，青椒100克，大蒜10克。

做法：

1. 在烤箱中将面包片烤成金黄色并切成1～2厘米的小块，土豆切成厚1厘米左右的片烤熟。
2. 将切达奶酪和马苏里拉奶酪切成小块。
3. 火锅中加入水、白葡萄酒、大蒜碎末，文火熬煮。一边搅拌一边加入奶酪块、淀粉，调成浓稠汁状。
4. 用叉子叉起烤好的面包块和土豆、洋葱、青椒，蘸着奶酪汁食用。其他配菜可选择苹果等多种水果。

牛奶麻辣烫

材料：　麻辣火锅底料1包，牛奶1盒（250毫升），食用油，芝麻酱、辣椒油、醋，各种蔬菜、午餐肉、牛肉丸、鱼豆腐、蘑菇、火锅粉等，香菜或小葱适量，冰糖几颗，葱、姜、鸡精、盐、花椒、麻椒适量。

做法：

1. 锅底下油，下冰糖、葱段、姜片、花椒、麻椒炒香。
2. 放入一小块麻辣火锅底料，炒出红油。
3. 倒入适量的水，煮开，将葱、姜、花椒、麻椒捞出，再倒入适量牛奶，放适量盐和鸡精，喜欢汤浓的可以多倒些牛奶。
4. 先加入牛肉丸等难煮熟的食材，易熟的蔬菜后放。
5. 煮熟后出锅倒入大碗里，按个人口味可选择加入芝麻酱、辣椒油、醋，再洒上香菜或小葱，美味即成！

Column

风味独特的切达奶酪

和中国人一样，瑞士人也爱吃火锅，但他们的火锅和我们有点不同，他们钟爱的是奶酪火锅。20世纪60年代，瑞士军队食堂里就出现了奶酪火锅，无论什么季节，奶酪火锅配白葡萄酒都是他们的最爱。

奶酪火锅选用的主要是马苏里拉奶酪和切达奶酪。切达奶酪最初产于英国切达郡，是世界上生产和消费最广泛的一种硬质奶酪，属于原制奶酪，或称为天然奶酪，呈奶白色或淡黄色，组织细腻。其味道的特色是具有醇厚的奶香、典型的微酸味道以及坚果类的香气。

英国人极爱切达奶酪，这是他们饮食中不可或缺的食物之一，无论是早餐三明治，还是宴会上的芝士拼盘，抑或是日常零食，都会有切达奶酪的身影。西餐中有一道菜是烤马铃薯，就是将切达奶酪片或奶酪碎撒在马铃薯上烘烤至融化，很是美味。除此之外，在意大利面以及比萨等食品制作中也都会用到切达奶酪。

5．睡前：牛奶是进入美好睡眠的金牌助手

忙碌了一天，在独属于自己的睡前时光我们同样需要一杯牛奶，为忙碌的一天画上句点，带上牛奶赋予的热量安然进入梦乡。

睡前牛奶的选择要点

对于睡眠不好的人来说，睡前饮用一杯牛奶有助于尽快进入睡眠，可将牛奶温热一下再喝，有助于舒缓放松情绪，帮助快速入眠。

睡前还可以选择一杯高钙奶，因为此时饮奶有助于补充钙质。

牛奶与睡眠关系密切

常言道，睡得好是最大的福气。的确，睡眠除了可以消除疲劳、使人恢复活力外，还与提高人体免疫力、抵抗疾病的能力密切相关。有研究表明，睡眠能提高一些免疫细胞结合特定靶标的能力，睡眠不足会直接导致免疫功能低下，降低人体对细菌病毒的免疫力。

牛奶中含有色氨酸、褪黑素等成分，具有舒缓压力、促进睡眠的作用。有研究表明，针对不同人群，一定含量的褪黑素可以诱导人体产生睡意，而色氨酸有助于大脑神经细胞分泌出有助睡眠的神经递质——五羟色胺。此外，牛奶中的α-乳白蛋白是“天然舒睡因子”，有调节大脑神经和改善睡眠的作用。睡前饮用一杯温热的牛奶，有助于舒缓放松情绪，帮助快速入眠。

1999年芬兰英格曼乳业与库奥皮奥大学合作成功研发出天然高褪黑素牛奶，实现了销售的稳健增长和奶业的高附加值。随后，日本、英国和爱尔兰等国相继有天然高褪黑素牛奶产品问世，价格是普通牛奶的2.5倍，颇受消费者欢迎。

目前，我国北京的一家乳品企业通过大数据分析，已探明了牛奶中褪黑素的昼夜变化规律，运用新型环境模拟技术，开发出我国第一款纯天然高褪黑素功能性牛奶，这将为广大消费者提高睡眠质量带来福音！

睡前是人体补钙的最佳时段。科学家们通过对人体钙代谢生理作用的研究发现，一天中最佳的补钙时机就是每天

晚上临睡前。在白天的一日三餐中，人体可以摄入400～500毫克钙质。但是，白天身体的钙调节机制发挥作用时，从尿中排出多余的钙，血液可以从食物中得到补充钙质，以维持血钙平衡。到了夜间，尿钙仍旧会排出，可已经没有食物中钙质的补充，这样血液中的钙质就会释放出一部分来弥补尿钙的丢失。为了维护血液中正常的钙水平，人体必须从钙库中提取一部分库存，即骨骼中的钙质。这种调节机制使清晨尿液中的钙大部分来自于骨钙。另一方面，人体内各种调节钙代谢的激素昼夜间分泌各有不同。一般说来，血钙水平在夜间较低，白天较高。夜间的低钙血症可能刺激甲状旁腺激素分泌，使骨钙的分解加快。如果在临睡前适当补充钙制剂，就能够为夜间提供充足的“弹药”，阻断体内动用骨钙的进程。

牛奶中含有的钙是最易吸收的活性钙，且含有磷、钾、镁等多种有助补钙的矿物质。睡前可以选择高钙牛奶或A2型β-酪蛋白牛奶，既助眠又补钙。高钙牛奶选用牛奶来源的钙作为补充，同时进行了维生素D强化，保证了产品中钙的消化吸收。A2型β-酪蛋白牛奶因为含有与母乳中的蛋白质分子结构更接近的原生A2型β-酪蛋白，体现出更加亲和人体、呵护消化吸收的优质属性，睡前补充不会给肠胃增加过大的负担。建议睡前1小时喝牛奶，让胃有足够的时间休息。

6．亲子时光：用牛奶做甜点，美味和健康同在

现今，很多饮料或零食由于高糖、高脂，让许多家长望而生畏，不敢买给孩子们吃。其实，和孩子们一起动手，用牛奶做些美味的小点心倒是不错的选择。既丰富了亲子时光，又让孩子们增强了动手能力，还获得了美味健康的零食，可谓一举三得。

亲子时光中牛奶和牛奶制品的选择要点

用酸奶可做出颇具创意的甜点。酸奶是健康的食品毋庸置疑，用酸奶与各种水果、坚果进行搭配，可以发挥想象做出很多美味的小食品。

用牛奶代替水制作面包，可以让面包风味更好，而且烤出来的颜色也更漂亮。也可在制作面包的过程中加入脱脂奶粉，做出的面包更松软。除此之外，用酸奶还可制作酸奶面包，风味独特。

利用牛奶及牛奶制品和孩子一起动手做的食品很多，如比萨就是很不错的选择。孩子多吃些奶酪，更利于成长。

趣味食谱

牛奶鸡蛋布丁

材料：　牛奶250毫升，鸡蛋2个，淡奶油60克，白砂糖30克。

做法：
1. 向牛奶中加入白砂糖，边加热边搅拌，让白糖溶化，放置晾凉。
2. 鸡蛋搅拌好后，加入淡奶油，轻轻搅拌均匀。
3. 将晾凉的牛奶倒入蛋液，轻轻搅拌均匀，过滤。
4. 将过滤好的布丁液倒入杯中，放进烤盘。烤盘里加热水，150℃烤45分钟，冷却即可。

适合儿童的牛奶和牛奶制品

儿童产品是市场关注的焦点之一。孩子渐渐长大，可以选择的奶制品品种更丰富了。儿童牛奶和儿童奶酪是市场上常见的为儿童定制的奶制品。

儿童牛奶 儿童牛奶是在保持牛奶营养特点基础上根据儿童生长阶段营养需求进行营养强化的牛奶，含有丰富的蛋白质、维生素、矿物质、DHA及益生元等营养成分。因此，儿童牛奶具有营养全面、针对性强的特点，可充分满足孩子生长的营养需求。建议根据孩子的年龄段选择，且尽量选择低温产品，保证牛奶中活性物质的摄入；选择生产日期较近的产品，避免因储存时间长带来的营养损失；认真分析营养成分表，选择营养丰富、合理添加的产品。

儿童奶酪 儿童奶酪是再制奶酪的一种，是目前我国零售奶酪市场的主打产品，因口味丰富、营养价值高、食用便捷、包装活泼有趣，深受市场欢迎，占据了国内奶酪零售市场的50%以上。目前，市场上主要有三角奶酪、棒棒奶酪、鳕鱼奶酪、手撕奶酪等。

7．户外运动：牛奶和牛奶制品是最有营养的运动食品之一

生命在于运动，营养配合科学合理的体育锻炼，不仅有益健康，还能调节人体紧张情绪，改善心理状态。**在户外或健身运动后喝上一杯牛奶，可以补充体力、修复肌肉！**运动后喝牛奶有助于高效补充身体流失的水分，快速补充运动过程中消耗的糖分，补充人体所需的碳水化合物以及钠、钾等电解质和维生素A、维生素D等微量元素，牛奶中乳清蛋白和酪蛋白的高消化吸收率还可以帮助肌体蛋白快速合成，有助于肌肉修复。

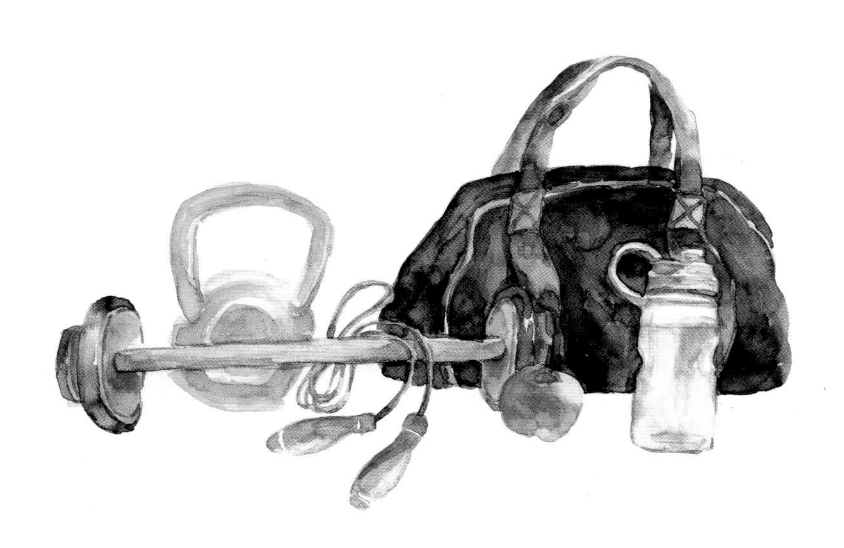

户外运动后牛奶和牛奶制品选择要点

高蛋白。运动达人们都希望通过锻炼和饮食做到“减脂增肌”。蛋白质是保持人体健康的重要营养物质，大量研究显示，在运动后及时补充蛋白质可以有效促进肌肉合成，减缓疲劳感的产生；若再搭配快速吸收的碳水化合物一起补充，肌肉就会停止分解状态，转而变成合成肌肉组织的状态，修复受损的纤维和软组织，提高减脂增肌的效果。

小贴士

为了健美，牛奶当水喝，这样对吗？

所谓营养均衡，是指满足人体需要的各种食物在数量和种类上的合理搭配。牛奶营养全面，渗透压与人体血液渗透压相近，因此，牛奶可以作为理想的运动饮料，也可以当水喝。但不建议长期用牛奶代替水。

户外运动后牛奶和牛奶制品推荐

高蛋白酸奶 **高蛋白酸奶作为优质的蛋白质来源，在发酵过程中，部分牛奶中的蛋白质被分解成小分子肽和氨基酸，更容易被消化吸收。**蛋白质含量高的酸奶可以更好地填补饥饿感，并维持更长时间的饱腹感。目前在国内对高蛋白酸奶的生产工艺并没有相关的标准，高蛋白酸奶在生产时可以在发酵前添加浓缩乳清蛋白、浓缩牛奶蛋白等原料进行强化，或者使用闪蒸、膜过滤工艺处理原料奶提高蛋白质含量；也可以在发酵后通过离心、膜过滤方式分离乳清达到高蛋白的指标。代表产品当数“希腊酸奶”，相较于传统酸奶，“希腊酸奶”蛋白质含量更高、口感更加浓厚，健身人士可以将其作为高蛋白补充品。

高蛋白牛奶 **牛奶因为营养全面、成分均衡、容易被消化吸收等特点，更适合喜欢运动和健身的人群。**牛奶中乳清蛋白占总蛋白质18%～20%，适量增加乳清蛋白的摄入，对补充运动时蛋白质的损耗、增加肌肉力量、促进血红蛋白的合成、消除疲劳等都具有重要作用。牛奶中的乳清蛋白还富含支链氨基酸，能促进肌肉蛋白质的合成，更加适合运动健身人士的需要。

选择高蛋白牛奶或酸奶时要注意：国家相关标准规定，每100克牛奶/酸奶中蛋白质含量≥6克或相当于420千焦热量的牛奶/酸奶中蛋白质含量≥6克，才可以称为“高蛋白牛奶/酸奶”。

8．减肥瘦身：选择适合的低热量牛奶和牛奶制品

中国的肥胖人口迅速增加，肥胖已经成为中国公共健康的重要问题之一。据荷兰合作银行的调查，中国超重和肥胖人口比例占总人口的38%左右。对于国人来讲，应提高减肥、控制体重的意识。

减肥瘦身的牛奶和牛奶制品选择要点

牛奶是一种低GI（GI为血糖生成指数）食品，食用不易发胖，所以，对于想瘦身的人士来说，牛奶是不错的选择。

选择代餐酸奶，保证营养全面的同时，还可享受美味。

含有丰富益生菌的酸奶，可以改善肠道环境，有助于瘦身。

Column

牛奶是一种低GI食品

牛奶的高蛋白让很多瘦身人士对它产生了不小的误解，实际上牛奶是一种低GI食品，容易产生更长时间的饱腹感，食用牛奶并不容易发胖。GI反映食物引起人体血糖升高程度的指标，是人体进食后机体血糖生成的应答状况。GI>70的食物为高GI食物，GI≤55的食物为低GI食物。高GI食物进入人体后消化快、吸收率高，能迅速进入血液引起高血糖峰值，胰岛素快速升高，导致血糖下降速度快，血糖变化剧烈；而低GI食物则消化慢，吸收率低，对血糖影响小，有利于控制血糖。

全脂牛奶的GI值比苹果、香蕉还低，是一种极佳的低GI食品。研究表明，低GI饮食能加快餐后脂肪氧化，降低胰岛素抵抗指数，使腰围变小，体脂减少，对于控制肥胖具有积极作用；而高GI饮食则增加每日能量的摄取，不利于肥胖的控制。

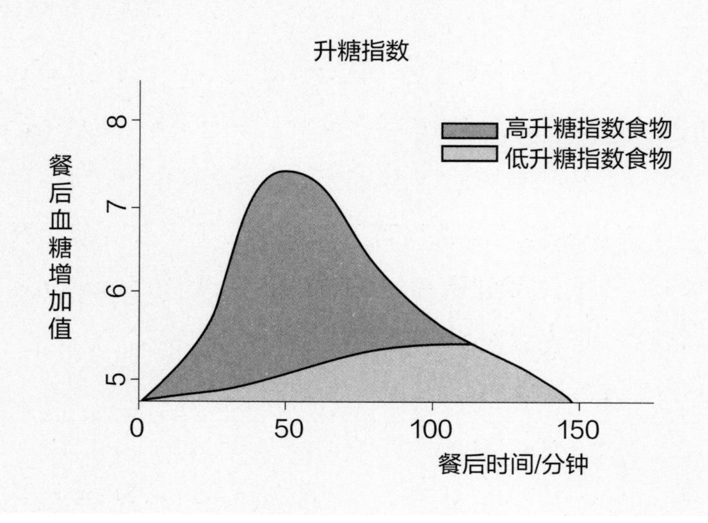

瘦身期间的牛奶和牛奶制品推荐

“低脂与低热量”：低脂不等于低热量，实际上影响体重的是你补充了多少热量。低脂产品与全脂产品相比，热量相对较低。即使热量低，但是如果过量食用脱脂牛奶/脱脂酸奶，同样会导致摄入过多热量而增加自身体重。

“全脂、低脂、脱脂如何选”：如果你的BMI［身体质量指数，简称体质指数，又称体重指数，英文为Body Mass Index，是用体重（千克）除以身高（米）的平方得出的数字，是目前国际上常用的衡量人体胖瘦程度以及是否健康的一个标准］在18.5～20.0，可以选择全脂牛奶（脂肪含量≥3.1克/100毫升），全脂牛奶富含脂溶性维生素（维生素A、维生素D），而且还含有酯类成分，带有牛奶特有的香气，口感好；如果你的BMI在20～24，说明你的体重已经接近正常范围的上限了，可以适当考虑低脂牛奶（脂肪含量≤1.5克/100毫升）；如果你的BMI＞24，说明你已经超重了，还是乖乖选择脱脂牛奶（脂肪含量≤0.5克/100毫升）吧！

近年来，食品界出现一个新概念——营养代餐。代餐概念起源于欧美，是近年来的趋势之一，各种高蛋白、低脂、无糖的产品成为热门选项，搭配低GI谷物、坚果作为健康、饱腹的代表食材，成为代餐的绝佳选择。

酸奶作为富含蛋白质的一款食品，也是一种理想的代餐形式。近年来，关于肥胖与肠道内某些菌种有关的研究屡见不鲜，临床发现肥胖鼠和瘦鼠有着不一样的"肠道菌相"，肥胖鼠的肠道中有较多的厚壁菌，也就是"致胖菌"，更容易分解难以消化的碳水化合物，并将其转化为可吸收的能量产物，容易导致肥胖，而当肠道内"益生菌"数量多时，"致胖菌"相对就会减少。因此，想要瘦身或是有肠道消化困扰的人群，可以选择酸奶来调节肠道环境。此外，还可以在酸奶中添加流行的减肥瘦身食材，如抗性糊精、共轭亚油酸（CLA）等。

Part

3

一起动手享受
牛奶带来的美味

制作牛奶美食，让原本健康的食品更加美味，会让人食欲大开，在享受美味的同时，还能为健康加分！在这里分享的牛奶美食均简单易操作，既有传统的，也有现今流行的，每个食谱综合考虑了牛奶的营养与搭配的原料进行最完美的组合。如果你爱上了这些营养美食，你也会自己开发出更多好吃、好看的美食！

1. 方便健康的牛奶饮品

奶茶，是近年来备受年轻人追捧的一款饮品，很多人会为了喝杯奶茶，跑到奶茶店排上很长时间的队。但是，与此同时，也不断有媒体爆料，奶茶店里的奶茶有这样那样的问题，如添加剂多、不健康等。其实，若想喝杯又美味又健康的奶茶并不难，这里我们就和你分享10分钟搞定的奶茶是怎么做出来的。

芋泥牛乳茶

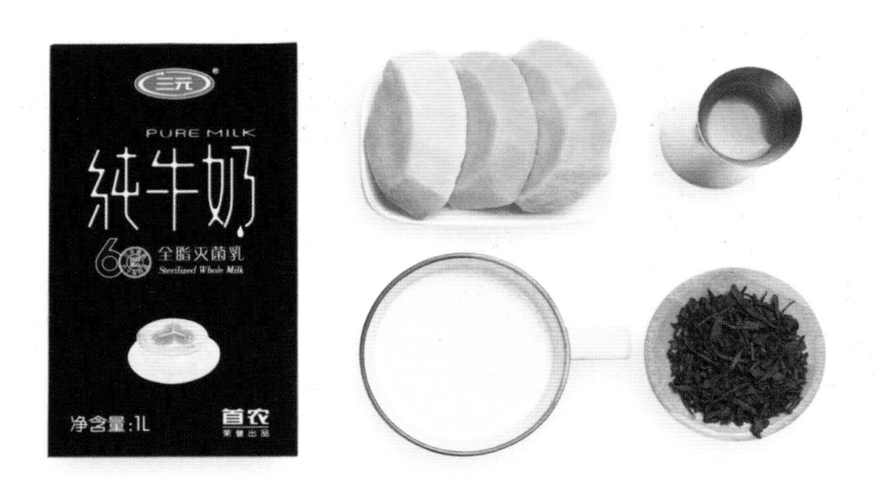

材料：　芋头块80克，果糖20毫升，纯牛奶150毫升，红茶茶叶6克。

做法：
1. 红茶茶叶和90℃水按1：40比例闷泡12分钟，滤除茶叶，茶汤备用。
2. 将芋头去皮切块后放入蒸锅蒸熟。
3. 将蒸好的芋头放入杯中捣压成泥。
4. 取一量杯倒入纯牛奶、果糖搅拌均匀，倒入杯中。
5. 倒入红茶茶汤，距杯口2厘米即可。

亲密爱人

材料：　仙草冻60克，布丁60克，Q弹珍珠40克，红茶茶叶3克，纯牛奶130毫升，果糖20毫升。

做法：
1. 红茶茶叶和90℃水按1：40比例闷泡12分钟，滤除茶叶，茶汤备用。
2. 玻璃杯加入红茶茶汤、纯牛奶和果糖摇至均匀，备用。
3. 杯中加入仙草冻、布丁、Q弹珍珠即可。

冰咖啡

材料：　黑咖啡浓缩液60毫升，纯牛奶330毫升，果糖10毫升。

做法：

1. 将黑咖啡浓缩液冷冻成咖啡冰。
2. 将冷冻好的咖啡冰倒入杯中，加入果糖。
3. 倒入纯牛奶，距杯口2厘米，轻微搅拌即可。

2. 色、味俱佳的比萨

比萨是极适合在家中制作的一道简易而且美味的西式餐点。其营养丰富，既有谷类、蔬菜、肉类等，还因为其中要用到奶酪，更为其健康指数加分。家中有小朋友的妈妈一定要会做哦，它能很好地为小朋友提供营养呢！

浓情夏威夷比萨

材料：　高筋面粉380克，酵母2克，盐5克，糖10克，牛奶250毫升，马苏里拉奶酪100克，虾仁6～8只，火腿50克，菠萝60克，番茄酱80克，罗勒叶20克，黑胡椒碎5克。

做法：

1. 高筋面粉、盐、酵母搅拌均匀，加入牛奶揉成面团。
2. 面团盖上保鲜膜醒5分钟，分成3份，放在密封的容器中自然发酵2小时。
3. 虾仁洗净开背，去除虾线，开水焯熟。
4. 菠萝切块、火腿切片、罗勒叶洗净，装盘中备用。
5. 轻轻按压醒发后的面团，排气。用擀面杖擀成9～10厘米直径的圆形，用手指按出比萨边。
6. 在比萨饼皮上涂抹番茄酱，均匀撒上一层马苏里拉奶酪，依次放火腿、菠萝、虾仁、罗勒叶、黑胡椒碎。
7. 烤箱230℃提前预热，烤12分钟，比萨饼皮颜色金黄即可。

3．自己做的奶点原来可以这样美味

从街边的面包店里买面包、蛋糕虽然很方便，但总是有些担心，添加剂会不会太多，味道是不是太甜？其实，有些面包、蛋糕，只要我们掌握了其中的小窍门，制作起来很方便，只要你愿意动手，美味必定可享！

草莓奶酥面包

材料：　高筋面粉250克，低筋面粉90克，鸡蛋1个，黄油70克，甜奶粉25克，糖55克，盐3克，酵母10克，面包改良剂5克，纯牛奶120毫升，火龙果汁60克，红心火龙果半个，草莓5个，淡奶油100克，糖粉50克。

做法：

1. 高筋面粉、奶粉、盐、糖（25克）、酵母、面包改良剂、鸡蛋、纯牛奶、火龙果汁（50克，火龙果提前用榨汁机榨汁备用）放和面机中，中速搅拌成团，加入化软的黄油，高速搅拌出筋膜（手套膜）取出，放盆中醒发10分钟。
2. 黄油（45克）、糖（30克）、低筋面粉、火龙果汁（10克），放盆中搅拌成酥粒状，备用。
3. 面团醒好后，按每个90克分成几个面团，揉成圆球，盖上保鲜膜，醒发30分钟。
4. 取一个醒发好的面团，侧压排气，用擀面杖擀成长方形，卷起成棍形，表面喷水，粘上酥粒，放入烤盘，醒发20分钟。
5. 烤箱180℃预热，烤12分钟面包出炉，放凉备用。
6. 草莓洗净，对半切开。淡奶油加糖粉（10克）打发，装裱花袋备用。
7. 面包切开，挤上奶油，摆上草莓，筛上糖粉装饰即可。

奶黄奶酪拉丝月饼

材料：

饼皮：黄油100克，卡仕达粉25克，糖粉50克，低筋面粉150克，奶粉25克，鸡蛋液50克。

奶黄馅：牛奶150毫升，奶粉50克，咸蛋黄100克，鸡蛋3个，玉米淀粉50克，马苏里拉奶酪150克。

做法：

1. 饼皮制作：所有原料倒入盆中搅拌均匀，揉成面团，放盆中备用。
2. 奶黄馅儿制作：将奶粉、玉米淀粉、鸡蛋、咸蛋黄（60克）放盆中搅拌均匀，牛奶煮微开，冲入咸蛋黄馅中，充分搅拌。将奶黄馅继续小火加热，加入马苏里拉奶酪搅拌成团，盛出放凉备用。
3. 拉丝馅儿制作：马苏里拉奶酪100克和咸蛋黄（40克）拌匀，上蒸锅蒸软，揉成15克一个的小圆球。
4. 将奶黄馅擀开，包上拉丝馅，备用。
5. 饼皮擀开，包上奶黄馅，表面粘面粉，放月饼模具，压出花纹，放冰箱冷冻1小时。
6. 烤箱210℃预热，烤6分钟，刷鸡蛋液再烤6分钟，取出切开拉丝效果最佳。
7. 冷却后的月饼，微波炉加热1分半钟，即可食用。

4．在家就可以享用的西式菜点

奶制品是西餐中最常用的原料之一，有了牛奶、奶酪这些基本原料，我们就可以制作出各种美味的西式餐点。我们总是很羡慕米其林餐厅的美食，有时考虑到价格止住了脚步，没有关系，只有你有兴趣，在家自己动手也可享受米其林级别的餐食美味。

意式奶酪菠菜饺子

材料：高筋面粉250克，盐30克，鸡蛋2个，菠菜100克，洋葱100克，马苏里拉奶酪100克，盐30克，黑胡椒30克，黄芥末30克，橄榄油30克，芦笋50克，小番茄100克，罗勒30克，芝士片4片，纯牛奶150毫升，黄油20克。

做法：

1. 将高筋面粉、鸡蛋、盐和成面团，盖上保鲜膜醒30分钟。
2. 菠菜洗净焯熟，切碎；洋葱切碎备用。
3. 平底锅烧热，倒橄榄油，洋葱（50克）炒香，加入切好的菠菜、盐（5克）、黑胡椒（10克）调味，拌入马苏里拉奶酪，盛出放凉备用。
4. 面团取出，用擀面杖擀薄，用刀切成5厘米宽的长条。
5. 菠菜馅攥去多余水分，放擀好的面片上（注意要有间隙），在面片四周刷上蛋液。取一张面片盖在上边，用手压实后，切成正方形，再用叉子压出花纹，备用。
6. 锅中加入水，烧开把放入做好的饺子，煮熟备用。
7. 制作芝士酱：取一个不锈钢锅，放入黄油（10克），加入面粉（10克）炒出香味，加入纯牛奶（150毫升）煮开，加入芝士片、黄芥末、盐（5克），黑胡椒（10克）搅拌均匀。
8. 芦笋洗净去筋，小番茄洗净切成4瓣，放锅中煎至成熟。锅中放橄榄油（10克），将芦笋和小番茄煎至成熟。
9. 平底锅放少量黄油（10克），将洋葱（50克）炒出香味，倒入煮好的饺子，轻微翻炒，加入芝士酱拌匀。
10. 将饺子取出装盘，放芦笋、小番茄、罗勒叶、黑胡椒（5克）、橄榄油（10克）装饰，即可食用。

5. 自己动手，在家就能吃到皇家传统奶点

早在3000多年前的商朝，人们就开始饮用牛奶了。到了魏晋时期，游牧民族进入中原，将喝奶的习惯和制作奶制品的方法带到了中原，酸奶、奶酪开始出现在中原。唐朝时，用牛奶制作的奶制品在宫廷流行，当时由于奶制品价格昂贵，只有皇家才能享用。宋朝时牛奶更为普及，在开封甚至出现了专营牛奶和奶制品的商店“王家乳酪”。元朝时，有位负责后勤保障供应工作的将领发明了奶粉，作为军需物质。清朝的奶制品花样更为繁多，满汉全席中就有不少奶制品，如奶茶、牛乳饼、奶汤等。据说慈禧就非常爱吃奶点，如奶卷、奶酪、奶豆腐、奶油饽饽等，宫廷厨师想方设法给她做出各式奶点。

如今，北京的“三元梅园”将这些传统的皇家美食技艺继承下来，满足了老百姓对美食的需求。这里，我们专门请了“三元梅园”的师傅，教大家做做宫廷奶点。

原味奶酪

材料：　纯牛奶200毫升，米酒18克，白砂糖15克。

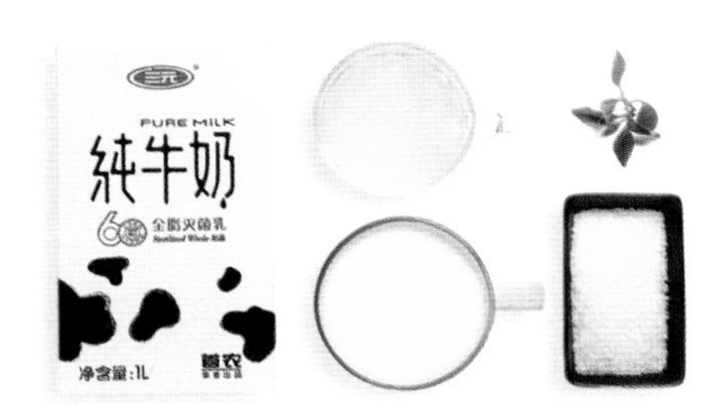

做法：

1. 牛奶中加入米酒、白砂糖，充分搅拌，放置3分钟左右，使白砂糖、米酒与牛奶充分融合。
2. 进行二次搅拌后用细沙网过滤，滤液装入容器中进行烤制。
3. 烤箱温度控制在135～150℃（根据具体情况，可先将烤箱预热10分钟），烤制时间为60～80分钟。
4. 出炉后晾凉，放入冰箱冷藏，冷藏温度0～4℃。
5. 保存时间不能超过72小时。

杏仁豆腐

材料：牛奶700毫升，白砂糖100克，琼脂230克，杏仁粉250克，白开水1800毫升，桂花酱若干。

做法：

1. 取泡好的琼脂，加入白开水、杏仁粉搅拌均匀，加热，将琼脂煮化。
2. 取牛奶、白砂糖加到煮好的琼脂水中，搅拌均匀，过滤。
3. 盛入碗中，在0～4℃的条件下保存。保存时间不超过72小时。
4. 食用时，可将桂花酱点缀其上，效果更佳。

附录

《中国居民膳食指南（2016）》中相关牛奶知识①

第一部分 一般人群膳食指南

近年来，我国居民蔬菜摄入量逐渐下降，水果、大豆、奶类摄入量仍处于较低水平，基于营养价值和健康意义，建议增加水果、蔬菜、奶和大豆及其制品的摄入。推荐每天饮奶300克或相当量的奶制品。坚持餐餐有蔬菜，天天有水果，把牛奶、大豆当作膳食重要组成部分。

奶类品种繁多，是膳食钙和优质蛋白质的重要来源，我国居民长期钙摄入不足，鼓励奶类摄入量，可大大提高对钙的摄入量。

不同人群蔬果奶豆类食物建议摄入量

食物类别	单位	幼儿（岁）		儿童少年（岁）			成人（岁）	
		2～	4～	7～	11～	14～	18～	65～
蔬菜	（克/天）	200～250	250～300	300	400～450	450～500	300～500	300～450
	（份/日）	2～2.5	2.5～3	3	4～4.5	4.5～5	3～5	3～4.5
水果	（克/天）	100～150	150	150～200	200～300	300～350	200～350	200～300
	（份/日）	1～1.5	1.5	1.5～2	2～3	3～3.5	2～3.5	2～3
奶类	（克/天）	500	350～500	300	300	300	300	300
	（份/日）	2.5	2～2.5	1.5	1.5	1.5	1.5	1.5

① 资料来源：中国营养学会编著，《中国居民膳食指南（2016）》，2016。

续表

食物类别	单位	幼儿（岁）		儿童少年（岁）			成人（岁）	
		2～	4～	7～	11～	14～	18～	65～
大豆	（克/周）	3.5～10.5	105	105	105	105～175	105～175	105
	（份/周）	1.5～4	4	4	4	4～7	4～7	4
坚果	（克/周）	—	—	—	50～70（5～7份）			

注：能量需要量水平计算按照2岁～（1000～1400千卡/天）；7岁～（1400～1600千卡/天），11岁～（1800～2000千卡/天），14岁～（2000～2400千卡/天），18岁～（1600～2400千卡/天），65岁～（1600～2000千卡/天）

一、如何达到每天300克牛奶

1. 选择多种奶制品

常见奶源有牛奶、羊奶、马奶等，其中以牛奶的消费量最大。鲜牛奶加工后可制成各种奶制品，市场上常见的如液态奶、奶粉、酸奶、奶酪和炼乳等，与液态奶相比，酸奶、奶酪、奶粉有不同风味，又有不同蛋白质含量，可多品尝，丰富饮食多样性。

2. 把牛奶当作膳食组成的必需品

达到每天摄入300克液态奶其实并不难，例如早餐饮用牛奶一杯（200～250毫升），在午饭加一杯酸奶（100～125毫升）即可。对于儿童来说，早餐可以食用奶酪2～3片，或者课间饮一瓶牛奶或酸奶。

职工食堂、学生食堂应考虑每天午餐有酸奶、液态奶、水果、水等供应，并鼓励顾客选择奶类、水果等食物。

交通不发达地区的人们用奶粉冲调饮用也是不错的选择，在草原、山区等，奶酪、奶皮也是不错的浓缩奶制品，奶茶应注意不用太多盐。

超重和肥胖者可以选择饮用脱脂奶和低脂奶。

良好膳食习惯是靠培养的，儿童应该从小养成饮用牛奶、早餐吃奶酪、酸奶等习惯，提高优质钙、蛋白质和微量元素的来源。

3. 乳糖不耐受怎么办？

对于乳糖不耐受的人，可首选酸奶或低乳糖奶产品，如低乳糖牛奶、酸奶、奶酪等。也可通过查看产品的标签，了解乳糖（碳水化合物）的含量高低。

另外一个说法就是少量多次，并与其他谷物食物同食，不空腹饮奶。空腹时牛奶在肠胃道通过的时间短，其中的乳糖不能很好地被小肠吸收，而较快进入大肠可加重乳糖不耐受症状，比如每次喝1/3杯（约50毫升）的牛奶，并与谷物一起搭配，可大大减轻肠鸣、嗳气和腹泻的症状。

对于确认了牛奶蛋白过敏的人，应避免食用牛奶。

4. 奶制品及奶制品的食用和储存注意事项

刚挤出来的牛奶不宜食用，鲜牛奶应经巴氏消毒法和超高温瞬时灭菌法（UHT）进行杀菌处理后方可食用。一般而言市售各种包装液态奶已经高温灭菌，无需加热可直接饮用，UHT牛奶可以常温保存，但是开封后应尽快食用，未食用完的则必须密封后冷藏保存。

酸奶可以直接饮用，无须加热，储存应冷藏。

二、我国居民牛奶摄入量现状分析

2010—2012年，中国居民营养与健康监测结果显示，城乡居民平均每标准人日奶类及其制品的摄入量为24.7克，远不及中国居民膳食指南推荐量推荐（300克）的1/10。与农村相比，其中城市居民奶制品摄入量略好，为人均37.8克，大城市人均达到81克，是农村居民摄入量的6倍（12.1克）。结果显示，每标准人日钙摄入量为366.1毫克。其中，城市（412.4毫克）高于农村（321.4毫克），但均距离膳食营养素钙的摄入目标800毫克相差甚远。

一项大型追踪调查研究中国健康与营养显示，自1989年到2011年，2011年成年居民奶类的平均消费量仅为25.3克/日，与上述调查结果相似。到2011年有25%（1/4）的城市成年居民在3天中会有奶类食物消费。消费人群平均每天奶类消费量约为150克，而郊区和县城居民奶类消费只有10%，在3天中有一次奶类消费。农村成人奶类食物消费几乎是零。

有市场调查显示，我国液态奶、酸奶的消费量在夏季显著高于冬季，儿童、老年人奶制品消费量在所有人群中显示最高。但总体而言，酸奶、奶酪等优良奶制品的消费仍很低；奶制品摄入量受到知识、营养教育、农村运输储存等影响，乳糖不耐喝奶后胃肠道不舒服也是影响奶类消费一个原因。有调查表明，我国3～5岁、7～8岁和11～13岁组儿童中，乳糖酶缺乏的发生率分别为38.5%、87.6%和87.8%，乳糖不耐受发生率分别为12.2%、32.2%和29%。

三、牛奶的营养特点和膳食贡献

牛奶是一种营养成分丰富、组成比例适宜、易消化吸收、营养价值高的天然食品，市场上常见的主要有液态奶、酸奶、奶酪、奶粉等。奶类提供优质蛋白质、钙、维生素B_2。牛奶中蛋白质含量平均为3%，其必需氨基酸比例符合人体需要，属于优质蛋白质。脂肪含量为3%～4%，以微脂肪球的形式存在。奶中的乳糖能促进钙、铁、锌等矿物质的吸收。

酸奶常含有益生菌，经过发酵，乳糖、蛋白质和脂肪都有部分分解，更容易被人体消化吸收，是膳食中钙和蛋白质的良好来源。经过发酵的酸奶和丰富的益生菌，对人体健康益处良多。

四、牛奶健康关系证据分析

	与健康关系	观察人群	可信等级
牛奶	全脂奶及其制品摄入与乳腺癌发病风险无关；增加摄入低脂奶及其制品可降低乳腺癌发病风险	中国、美国和欧洲女性人群，共1184236人	B
	增加摄入牛奶及其制品可促进成人骨密度增加；与儿童骨密度增长无关	欧洲、美国和中国儿童共2091人，以及美国成年人群共2733人	B
酸奶	可改善乳糖不耐症状	中国、美国和欧洲人群，共529人	B
	可有助于便秘的改善	中国、马来西亚、欧洲和美国人群，共801人	B
	可辅助改善幽门螺杆菌的根除率	中国、日本、韩国、土耳其、欧洲和美国人群，共3013人	B

五、喝牛奶会致癌吗？

有科普文章根据国外的动物实验结果和少数人群的调查资料，宣传喝牛奶会致癌的观点，对我国居民造成很大的影响。实际上，这种观点缺乏科学依据，也不符合我国国情。

首先动物实验中的许多条件与人的饮食方式截然不同，其结论不能直接推广到人的身上。特别是将酪蛋白作为实验大鼠唯一的蛋白质来源，在人类日常生活中几乎不存在这样的饮食结构，我们喝的牛奶90%以上是水，其中蛋白质含量约为3%；1～2杯牛奶所含的蛋白质仅为7.5～15克，只占人体每天蛋白质需要总量的10%～20%，与动物实验中使用百分之百的酪蛋白完全不同。另外，动物实验是先用黄曲霉素引发癌症，再使用大量的酪蛋白促进黄曲霉素的致癌作用，并不是酪蛋白直接引发癌症。因此，将此实验结论说成喝牛奶致癌是错误的判断。

另一方面，国外科学家的实验和调查主要是针对西方国家居民牛奶摄入量过多的问题而设计的，与我国居民饮食的实际情况有本质的差异，欧美国家和地区牛奶消费量平均超过每人每年300千克，而我国居民只有21.7千克，相差15倍之多。

各国膳食指南对成年人奶制品的建议摄入量

国家	每天建议量	国家	每天建议量
美国	3杯（720毫升）	土耳其	3杯（600毫升）
加拿大	2～3杯（500～750毫升）	南非	1杯（250毫升）
法国	3份（450毫升）	印度	3份（300毫升）
瑞士	3份（600毫升）	智利	3杯（600毫升）
澳大利亚	3份（750毫升）	日本	2～3杯（200～300毫升）
英国	每天要吃奶制品	韩国	1杯（200克）
芬兰	500毫升	中国	1.5份（300毫升）

注：欧洲、美国、澳大利亚的一份（杯）为200～250毫升，日本、印度一份（杯）为100毫升。
资料来源：*How sound is the science behind the dietary recommendations for dairy?* Am J Chin Nutr, 2014, 99(5 Suppl): 1217S～1222S

第二部分 特定人群膳食指南

一、中国孕妇、乳母膳食指南

（一）备孕妇女膳食指南：达到铁推荐量一日膳食举例

达到铁推荐量一日膳食举例

餐次	食品名称	主要原料及其质量
早餐	肉末花卷	面粉50克，瘦猪肉10克
	煮鸡蛋	鸡蛋50克
	牛奶	鲜牛奶200毫升
	水果	橘子150克
午餐	米饭	大米150克

续表

餐次	食品名称	主要原料及其质量
午餐	青椒炒肉丝	猪肉（瘦）50克，柿子椒100克
	清炒油菜	油菜150克
	鸭血粉丝汤	鸭血50克，粉丝10克
晚餐	牛肉馅馄饨	面粉50克，牛肉50克，主菜50克
	芹菜炒香干	芹菜100克，香干15克
	煮红薯	红薯25克

（二）孕中期一天食谱举例

孕中期一天食谱举例*

餐次	食物名称及主要原料质量
早餐	豆沙包：面粉40克，红豆沙15克 蒸红薯：红薯60克
	煮鸡蛋：鸡蛋40～50克
	牛奶：250克
	水果：橙子100克
中餐	杂粮饭：大米50克，小米50克
	青椒爆猪肝：猪肝10克，青椒100克 芹菜百合：芹菜100克，百合10克
	鲫鱼豆腐紫菜汤：鲫鱼20克，豆腐100克，紫菜2克
晚餐	牛肉面：面粉80克，牛肉20克，大白菜100克 滑藕片：莲藕100克 烧鸡块：鸡块50克
	水果：香蕉150克 酸奶：250克 核桃：10克
全天	植物油25克，食用碘盐不超过6克

*提供铁24毫克，依据《中国食物成分表2002》计算。

孕中期孕妇每天需要增加蛋白质15克、钙200毫克、热量300千卡。在孕前期平衡膳食的基础上，额外增加200克奶，可提供5～6克优质蛋白质、200毫克钙和120千卡热量。

（三）孕晚期一天食谱举例

孕晚期一天食谱举例*

餐次	食物名称及主要原料质量
早餐	鲜肉包：面粉50克，猪肉15克
	蒸红薯蘸芝麻酱：红薯60克，芝麻酱5克 煮鸡蛋：鸡蛋50克
	牛奶：250克
	苹果：100克
中餐	杂粮饭：大米50克，小米50克
	烧带鱼：带鱼40克 鸡血菜汤：鸡血10克，大白菜50克，紫菜2克 清炒四季豆：四季豆100克 水果：鲜枣50克，香蕉50克
晚餐	杂粮馒头：面粉50克，玉米面30克 虾仁豆腐：基围虾仁50克，豆腐80克 山药炖鸡：山药100克，鸡50克 清炒菠菜：菠菜100克
	水果：猕猴桃50克 酸奶：250克 核桃：10克
全天	植物油25克，食用碘盐不超过6克

*提供铁29毫克，依据《中国食物成分表2000》计算。

孕晚期孕妇每天需要增加蛋白质30克、钙200毫克、能量450千卡。应在孕前平衡膳食的基础上，每天增加200克奶。

二、中国婴幼儿喂养指南

（一）婴儿配方奶是不能纯母乳喂养时的无奈选择

由于婴儿患有某些代谢性疾病，乳母患有某些传染性或精神性疾病，乳汁分泌不足或无乳汁分泌等原因，不能用纯母乳喂养婴儿时，建议首选适合于6月龄内婴儿的配方奶喂养。不宜直接用普通液态奶、成人奶粉、蛋白粉、豆奶粉等喂养婴儿，任何婴儿配方奶都不能与母乳相媲美，只能作为纯母乳喂养失败后的无奈选择，或者6月龄后对母乳的补充。6月龄前放弃母乳喂养，而选择婴儿配方奶对婴儿健康是不利的。

【关键推荐】

- 任何婴儿配方奶都不能与母乳相媲美，只能作为母乳喂养失败后的无奈选择，或母乳不足时对母乳的补充。
- 以下情况很可能不宜母乳喂养或常规方法的母乳喂养，需要采用适当的配方奶喂养，具体患病情况、母乳喂养禁忌和适用的喂养方案，请咨询营养师或医生：
  ①婴儿患病；
  ②母亲患病；
  ③母亲因各种原因摄入药物；
  ④经过专业人员指导和各种努力后，乳汁分泌仍不足。
- 不宜直接用普通液态奶、成人奶粉、蛋白粉、豆奶粉等喂养6月龄内婴儿。

（二）什么是婴儿配方奶

婴儿配方奶也常常称为婴儿配方食品，是以婴幼儿营养需要和母乳成分研究资料为指导，用牛奶或羊奶、大豆蛋白为基础原料，经过一定配方设计和工艺而生产的，用于喂养不同生长发育阶段的健康婴儿。由于婴儿配方食品多为奶粉（再冲调为乳液喂养婴儿）或可直接喂养婴儿的液态奶，所以又常称为婴儿配方乳或婴儿配方奶。由于经过了一定的配方设计（食物成分调整和营养素强化），在婴儿喂养中，婴儿配方奶比普通牛羊乳或其他一般普通食品具有更强的优势。但必须强调的是，无论经过怎样的配方设计和先进研发，任何婴儿配方奶都不能与母乳相媲美。婴儿配方食品归根结底仍然是一种食品，对于得不到母乳喂养的婴儿，可以减少直接用牛羊乳喂养婴儿的缺陷。

（三）为什么婴儿配方奶粉不能与母乳媲美？

虽然婴儿配方奶粉都经过一定配方设计和工艺加工，保证了部分营养素的数量和比例接近母乳，但却无法模拟母乳中一整套完美独特的营养和生物活性成分体系，如低聚糖、乳铁蛋白和免疫球蛋白等以及很多未知的活性成分。母乳喂养的婴儿可以随母乳体验母亲膳食中各种食物的味道，对婴儿饮食心理及接受各种天然食物有很大帮助，这也是配方奶粉无法模拟的。此外，母乳喂养过程和奶瓶喂养过程给予婴儿的心理和智力体验完全不同。虽然婴儿配方奶粉能基本满足0～6月龄婴儿生长发育的营养需求，但完全不能与母乳相媲美。

三、中国儿童少年膳食指南

足量食物、平衡膳食、规律就餐是2～5岁儿童获得全面营养和良好消化吸收的保障。因此要注意引导儿童自主、有规律地进餐，保证每天不少于三次正餐和两次加餐，不随意改变进餐时间、环境和进食量；纠正挑食、偏食等不良饮食行为；培养儿童摄入多样化食物的良好饮食习惯。

目前，我国儿童钙摄入量普遍偏低，对于快速生长发育的儿童，应鼓励多饮奶，建议每天饮奶300～400毫升或相当量的奶制品。儿童新陈代谢旺盛，活动量大，水分需要量相对较多，建议2～5岁儿童每天水的总摄入量（即饮水和膳食中汤水、牛奶等总和）1300～1600毫升。饮水时以白开水为主。零食应尽可能与加餐相结合，以不影响正餐为前提，多选用营养密度高的食物如奶制品、水果、蛋类及坚果类等食物。

（一）如何培养和巩固儿童饮奶习惯

我国2～3岁儿童的膳食钙每天推荐量为600毫克，4～5岁儿童为800毫克。奶及奶制品中钙含量丰富且吸收率高，是儿童钙的最佳来源。

每天饮用300～400毫升奶或相当量奶制品，可保证2～5岁儿童钙摄入量达到适宜水平。家长应以身作则常饮奶，鼓励和督促孩子每天饮奶，逐步养成每天饮奶的习惯。

如果儿童饮奶后出现胃肠不适（如腹胀、腹泻、腹痛），可能与乳糖不耐受有关，可采取以下方法加以解决：①少量多次饮奶或吃酸奶；②饮奶前进食一定量主食，避免空腹饮奶；③改吃无乳糖奶或饮奶时加用乳糖酶。

（二）养成良好的饮食习惯天天喝奶

建议天天喝奶，为满足骨骼生长的需要，要保证每天喝奶及奶制品300毫升或相当量奶制品，可以选择鲜牛奶、酸奶、奶粉或奶酪。同时要积极参加身体活动，促进钙的吸收和利用。

四、中国老年人膳食指南

（一）摄入充足的食物

老年人每天应至少摄入12种食物。采用多种方法增加食欲和进食量，吃好三餐。早餐宜有1～2种以上主食、1个鸡蛋、1杯奶，另有蔬菜或水果。中餐、晚餐宜有2种以上主食、1～2个荤菜、1～2种蔬菜、1个豆制品。饭菜应少盐、少油、少糖、少辛辣，以食物自然味来调味，色香味美、温度适宜。

（二）保证每天能获得足够的优质蛋白质

天天喝奶。多喝低脂奶及其制品；有高脂血症和超重肥胖倾向者应选择低脂奶、脱脂奶及其制品；乳糖不耐受的老年人可以考虑饮用低乳糖奶或酸奶。

第三部分 平衡膳食模式及实践

中国居民膳食模型和图示如下。

不同能量需要水平的平衡膳食模式和食物量［克/（天·人）］

食物种类（克）	不同能量摄入水平/千卡										
	1000	1200	1400	1600	1800	2000	2200	2400	2600	2800	3000
谷类	85	100	150	200	225	250	275	300	350	375	400
全谷物及杂豆	适量			50～150							
薯类	适量			50～150					125	125	125
蔬菜	200	250	300	300	400	450	450	500	500	500	500
深色蔬菜	占所有蔬菜的二分之一										
水果	150	150	150	200	200	300	300	350	350	400	400
畜禽肉类	15	25	40	40	50	50	75	75	75	100	100
蛋类	20	25	25	40	40	50	50	50	50	50	50
水产品	15	20	40	40	50	50	75	75	75	100	125
奶制品	500	500	350	300	300	300	300	300	300	300	300
大豆	5	15	15	15	15	15	25	25	25	25	25
坚果	～	适量		10	10	10	10	10	10	10	10
烹调油	15～20	20～25			25	25	25	30	30	30	35
食盐	<2	<3	<4	<6	<6	<6	<6	<6	<6	<6	<6

注：膳食宝塔的能量范围在1600～2400千卡；薯类为鲜重。

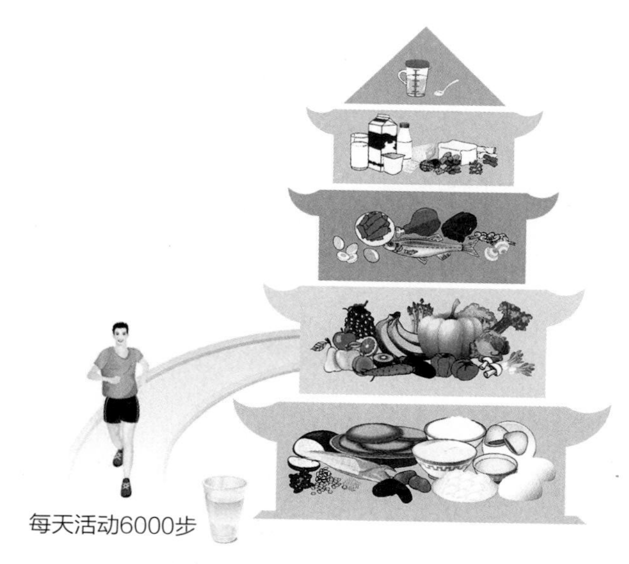

盐	<6克
油	25～30克
奶及奶制品	300克
大豆及坚果类	25～35克
畜禽肉	40～75克
水产品	40～75克
蛋类	40～50克
蔬菜类	300～500克
水果类	200～350克
谷薯类	250～400克
全谷物和杂粮	50～150克
薯类	50～100克
水	1500～1700毫升

中国居民平衡膳食宝塔（2016）

奶类、豆类是鼓励多摄入的。奶类、大豆和坚果是蛋白质和钙的良好来源，营养素密度高。推荐每天摄入相当于300克的奶类及奶制品；大豆和坚果制品摄入量为25～35克。在全球奶制品消费中，我国摄入量一直很低，吃多种多样的奶制品有利于提高乳品摄入量。

牛奶是母牛产犊后从乳腺分泌出来的一种白色或稍带微黄色的不透明的胶体性液体。关于牛奶的研究非常多，绝大多数人认为牛奶营养丰富、经济实惠、食用方便，是人类最接近完美的、最理想的天然食品。在所有食物中，作为单一来源的营养物质，牛奶中的营养素是最全面的，能够提供维持人体健康需要的膳食营养素，尤其对孩子和老人更具有特殊意义。

牛奶与人体健康相关调查与研究

一、牛奶与慢性病

近年来，我国慢性病的发病率快速上升，人群的主要死因已不再是传染病和营养不良等，取而代之的是心脑血管病、癌症和糖尿病等慢性非传染性疾病，这些慢性病与我们的饮食习惯、膳食营养素的摄入有直接的关系。

（一）心脑血管疾病

2004年公布的《中国居民营养与健康调查》结果显示，我国心脑血管等慢性非传染性疾病的患病率在迅速上升，而且发病人群多为中年人。因此，我们应该调整饮食结构，增加牛奶摄入量。牛奶不仅在心脑血管等慢性病的食疗方面有很大的作用，而且还含有丰富的优质蛋白质、维生素和钙元素，利用率很高，是天然营养素的极好来源。

发表于2018年9月11日《柳叶刀》杂志的一项研究中，研究人员对136384名受试者的日常奶制品相关饮食进行问卷调查，统计他们日常饮食中牛奶、酸奶、奶酪和黄油等奶制品的摄入量，而后进行了为期9年的随访。结果显示，与不摄入奶制品的人群相比，每天摄入两份以上的奶制品（1份酸奶或牛奶=244克；1份奶酪=15克；1份黄油=5克）能够使主要心血管疾病的风险降低22%，总死亡率降低17%，心血管死亡率降低23%，其中脑卒中风险更是降低了34%。进一步分析发现，增加牛奶和酸奶的摄入量都能相对降低全因死亡率和主要心血管疾病事件，但奶酪和黄油的摄入量则与不良事件风险的降低无明显相关性。

（二）癌症

现今，癌症的发病率一直居高不下，科学家研究有多种因素可诱发癌症的发生，其中饮食被认为是癌症发病率上升的重要因素。例如近年来的研究推测，西方膳食中摄入量较高的牛奶及牛奶制品是前列腺癌、卵巢癌、乳腺癌、结肠癌等癌症发病和死亡的危险因素。牛奶及牛奶制品本是优质蛋白质和钙的主要来源，常见的牛奶及牛奶制品中全脂牛奶、低脂牛奶、脱脂牛奶、酸奶是我国居民摄入牛奶及牛奶制品的主要途径。近20年来，随着我国经济水平的提高，牛奶及牛奶制品消费呈直线上升，膳食模式有向西方靠拢的趋势。因此，澄清“牛奶致癌”的争议在我国有着更为深刻的现实意义。

有研究显示，综述现有的流行病学研究、实验室研究和Meta分析，并分析奶制品及其中各种成分对癌症发病风险的影响，牛奶及牛奶制品和乳腺癌、卵巢癌的发病率无关联，而过量牛奶及牛奶制品是前列腺癌的危险因素，适量奶制品对结肠癌可能有保护作用；牛奶及牛奶制品中增加癌症风险的成分可能是饱和脂肪酸、激素和环境污染物，起保护作用的一般为维生素D、乳糖、乳酸菌和某些不饱和脂肪酸。因此，按照《中国居民膳食指南（2016）》的推荐量（300克/日）摄入牛奶及牛奶制品是安全并有益的；国家也应加强对牛奶及牛奶制品行业的管制，防止过量的激素和污染物对民众健康和行业形象产生不良影响。

（三）骨质疏松症

骨质疏松症是一种全身性骨病，特征为骨量低、骨组织微结构损坏、骨强度下降，导致骨脆性增加，易发生骨折，是世界上发病率、死亡率最高、医疗费用消耗最大的疾病之一。骨质疏松症是一种多因素引起的慢性疾病，随着年龄的增长骨质流失而导致骨质疏松症，这种持续的骨质流失会使骨的吸收与再生越来越慢，骨折的发生率随之增加。50岁以上的中老年人、绝经后妇女、营养不均衡人群容易患骨质疏松症。美国国家骨质疏松基金会（NOF）《骨质疏松症康复指南》建议所有患者获得足够的膳食钙（至少1200毫克/日）和维生素D（400～800国际单位/日）。中国营养学会推荐成人每日钙摄入量为800毫克（元素钙量），绝经后妇女和老年人可增至1000毫克。目前对于骨质疏松的治疗药物一般主要有钙制剂、维生素 D 和钙的复合制剂和抗骨吸收药及激素等，但是由于药物及激素需要长期服用，其副作用也逐渐突显，因此通过膳食补充钙具有重要意义，最为便捷的膳食钙补充即为每日食用奶制品。

（四）糖尿病

糖尿病是一种最常见的内分泌代谢疾病，具有遗传易感性，在环境因素的触发下发病。随着社会经济的发展、人们生活方式的改变（能量摄入增加和运动减少等）及人口老龄化，2型糖尿病发病率在全球范围内呈逐年增高趋势，尤其在发展中国家增加速度将更快（预计到2025年可能增加170%），呈现流行势态。糖尿病现已成为继心血管病和肿瘤之后，第3位威胁人们健康和生命的非传染性疾病。2型糖尿病的病因不是十分明确，现一般认为是具有强烈的遗传或为多基因遗传异质性疾病，其危险因素包括老龄化、现代社会西方生活方式，如体力活动减少、超级市场高热量方便食品、可口可乐以及肥胖等。

二、牛奶功能

（一）牛奶或有助预防阿尔茨海默病

2015年，日本明治与久山生活习惯病研究所的共同研究成果显示，摄取牛奶和牛奶制品能够预防阿尔茨海默病，研究还发现，牛奶和牛奶制品摄入量越多，认知能力越不容易下降。明治与久山生活习惯病研究所清原裕代表理事、九州大学医学院研究生院教授针对久山町未患认知症的60岁以上的1081名老人展开调查，根据摄入牛奶和牛奶制品的量将受试者分为4组，进行了为期17年的追踪调查。结果显示，相比牛奶和牛奶制品摄入最少的一组，摄入最多的一组患阿尔茨海默病的风险明显降低。在本次研究中，研究团队给出牛奶和牛奶制品具有能够预防阿尔茨海默病且能够预防认知能力降低的功能，认知疾病的发病风险也会降低。此外，该研究团队在2008年进行的一项研究中发现，摄入牛奶和牛奶制品还能够预防肥胖综合征与脑卒中，尤其对脑出血预防效果更佳。

（二）牛奶或能增加受孕概率

准备怀孕的女性通常会注意饮食，调整身体，用最好的状态迎接新生命的到来。研究发现，多吃些全脂牛奶及牛奶制品也会有帮助。2015年，美国哈佛大学开展的护士健康研究发现，每天吃些全脂牛奶及牛奶制品，如牛奶、冰淇淋、奶酪等，能促进女性排卵，进而增加怀孕机会。但并不意味着就可以无限量地食用牛奶及牛奶制品，尤其是冰淇淋，虽然是不少女性的最爱，却含有很高的热量。而且有其他研究认为，高脂肪牛奶及牛奶制品可能对胰岛素水平产生不良影响。因此，建议女性每两周可食用500克冰淇淋，或者用全脂牛奶冲泡麦片。体重较高的人，可以选择低脂的酸奶，能达到兼顾控制体重和补充营养的目标。这些方法既有助于合理控制体重，也能让身体补充足够的牛奶及牛奶制品脂肪，更好地迎接新生命的到来。

国家“学生饮用奶计划”

中国由政府组织实施的学生营养干预计划，主要包括国家“学生饮用奶计划”和“农村义务教育学生营养改善计划”，通过在校为学生提供营养食物和食育教育，改善学生健康水平。

2000年，由农业部、教育部、财政部、卫生部等七部委共同组成了国家“学生饮用奶计划”部际协调领导小组办公室。国家“学生奶饮用计划”是以改善中小学营养状况、培养青少年良好饮食习惯、促进农业产业结构调整为目的的的国家学生营养干预项目。

“农村义务教育学生营养改善计划”是由国务院于2011年组织实施，向全国贫困连片地区727个贫困县的农村学生每天提供4元营养膳食补助的营养干预项目，该项目为学生提供肉、蛋、奶、水果和蔬菜食品。

截止到2020年，国家“学生饮用奶计划”日均供应牛奶2305万份，覆盖31个省、自治区、直辖市的63000多所学校，惠及学生超过2600万人。

“学生饮用奶计划”覆盖约17%的义务教育阶段学生，其中60%是农村学生；“农村义务教育学生营养改善计划”覆盖的贫困农村地区，有四成左右的学校提供学生饮用奶。

“学生饮用奶计划”确保学生饮奶营养与安全

为保证学生饮用奶的安全、营养，参照奶业发达国家标准，中国奶业协会在相关国家标准的基础上制定颁布了要求更高的学生饮用奶团体标准，目前包括《学生饮用奶 奶源基地规范》（T/DAC002–2017）、《学生

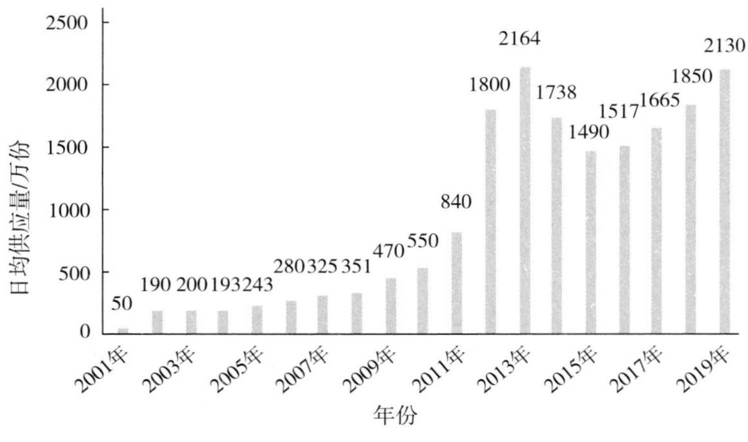

2001—2019年全国学生饮用奶日均供应量

饮用奶 生牛乳》（T/DAC003-2017）、《学生饮用奶 纯牛奶》（T/DAC004-2017）、《学生饮用奶 灭菌调制乳》（T/DAC005-2017）和《学生饮用奶 中国学生饮用奶标志》（T/DAC001-2017），学生饮用奶产品标准高于国家标准。

2015年中国奶业协会与中国学生营养与健康促进会合作启动了“国家学生饮用奶计划推广示范学校”创建试点工作，推动学生饮用奶校内运行规范和食育。认定试点工作启动至今，已有189所学校通过严格审核，被命名为“国家学生饮用奶计划推广示范（标准）学校”，为保障学生在校饮奶安全提供了保障。

“学生饮用奶计划”改善学生体质健康

国家疾控中心对学生饮奶跟踪监测表明，在校坚持饮用牛奶学生身高、体重和骨密度等指标有明细的改善。

“学生饮用奶计划”促进中国奶业发展

目前在中国奶业协会注册的许可使用“中国学生饮用奶”标志的企业（工厂）共有123家，隶属于73家集团公司，日均处理生鲜乳总能力超过5万吨；学生饮用奶奶源基地共有354家，分布于30个省、自治区、直辖市，泌乳牛总存栏超过40 万头，日均可生产生牛乳12000多吨。

国家“学生饮用奶计划”大事记

1999年，沈阳作为国内首个试点城市启动“学生饮用奶计划”工作

2000年，“学生饮用奶计划”部际协调管理机构成立，”学生饮用奶计划”在全国正式启动

2001年成立国家“学生饮用奶”计划专家委员会，制定学生饮用奶定点生产企业认定办法

2001年1月5日，农业部、教育部、国家质量技术监督局、国家轻工业局联合发出《关于印发〈学生饮用奶定点生产企业申报认定暂行办法〉的通知》。

2001年4月5日，由相关领域著名专家组成的“学生饮用奶计划”专家委员会成立，对第一批申报的学生饮用奶定点企业进行了评审。

2001年5月18日，北京三元食品股份有限公司等7家企业成为首批学生饮用奶定点生产企业。

2001年，“第二届亚太地区学生饮用奶会议”在上海召开

2002年，”学生饮用奶计划”在全国范围全面实施

2003年，启动学生奶奶源升级计划，加强源头质量管理

2004年，学生饮用奶定点生产企业审批权下放到省级

2005年，“第三届世界学生饮用奶大会”在昆明召开

2006年，“每天一斤奶，强壮中国人”牛奶爱心行动启动

2007年、2008年，——国家政策持续支持学生饮用奶发展

2009年，地方政府加大”学生饮用奶计划”扶持力度

2010年，学生奶奶源示范基地建设成果显著

2011年，国家“十二五”规划提出稳步实施“学生饮用奶计划”

2012年，“学生营养改善计划”全面启动，学生奶让营养餐更营养

2013年，“学生饮用奶计划”推广工作整体移交给中国奶业协会

2014年，《国家“学生饮用奶计划”推广管理办法（试行）》正式实施

2015年，开展“国家学生饮用奶计划推广示范学校”的试点工作

2016年，“学生饮用奶计划”为“中国梦”奠定健康基础

2016年，《农村义务教育学生营养改善计划专项督导报告》督导意见明确要求使用“中国学生饮用奶”标识产品

2017年，中国奶业协会发布《国家“学生饮用奶计划”推广管理办法》

2017年，国家卫生和计划生育委员会发布《学生餐营养指南》

2018年，国务院办公厅发文推进奶业振兴，大力推广国家“学生饮用奶计划”，扩大覆盖范围

2019年，保障校内食品安全与营养，学生饮用奶树标杆

2019年，增加学生饮用奶产品种类试点工作正式启动

2020年，增加学生饮用奶产品种类试点工作进入试点生产阶段

2020年，国家“学生饮用奶计划”实施20年